上海市2024年度“科技创新行动计划”科普专项项目（24DZ2304000）

你好！前沿科技

生命科学

胡玺丹　卓京鸿◎主编　丁仲丽　华文怡◎著　姚婷◎绘

華東理工大學出版社
EAST CHINA UNIVERSITY OF SCIENCE AND TECHNOLOGY PRESS

图书在版编目（CIP）数据

你好！前沿科技. 生命科学 / 胡玺丹, 卓京鸿主编；丁仲丽, 华文怡著；姚婷绘. -- 上海：华东理工大学出版社, 2025. 7. -- ISBN 978-7-5628-7811-7

Ⅰ. N49；Q1-0

中国国家版本馆CIP数据核字第2025KN9204号

策划编辑 / 曾文丽
责任编辑 / 刘　颖
特约编辑 / 张润梓
责任校对 / 赵子艳
装帧设计 / 居慧娜
出版发行 / 华东理工大学出版社有限公司
地址：上海市梅陇路130号，200237
电话：021-64250306
网址：www.ecustpress.cn
邮箱：zongbianban@ecustpress.cn
印　　刷 / 苏州工业园区美柯乐制版印务有限责任公司
开　　本 / 787 mm × 1092 mm　1/16
印　　张 / 3
字　　数 / 50千字
版　　次 / 2025年7月第1版
印　　次 / 2025年7月第1次
定　　价 / 30.00元

序言

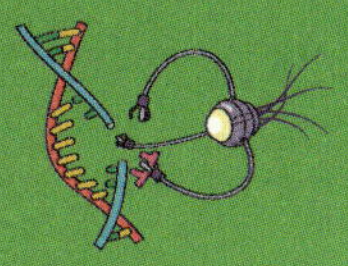

当“天问”探火、“嫦娥”揽月、“蛟龙”入海成为现实图景，当量子计算突破算力边界、人工智能重构生产模式、基因编辑改写生命密码，我们正身处一个科技深刻改变人类命运的时代。上海科技馆展教团队结合自身科普教育经验，精心创作《你好！前沿科技》系列丛书，恰是为公众打开了一扇眺望未来的窗口。欣闻图书即将出版，我很高兴能为这套凝聚心血的科普力作撰写序言。

在人类文明发展的历程中，科技始终扮演着至关重要的角色。回望过去，人类第一座可控核反应堆“芝加哥一号堆”的成功运转，开启了原子能时代；第一台通用计算机“埃尼阿克”的诞生，开启了数字时代；第一次发现 DNA 双螺旋结构，开启了分子生物学时代……创新似浪，奔涌不息！科技重塑着我们对世界的认知，改变着人类文明的轨迹。面向当代科技“指数级跃迁”的发展，公众亟需对前沿科技有更广更深的认知，来理性地看待科技发展带来的机遇与挑战，更好地适应这个日新月异的时代。尤其是广大青少年，对于他们而言，科普前沿科技更是意义深远。

我曾见过许多孩子沉浸于科技馆的互动展品，流连忘返，面对神奇的科学实验秀发出一阵阵惊叹。青少年时期是思维最活跃、好奇心最旺盛的阶段，而优秀的科普图书正是打开科学之门的钥匙。《你好！前沿科技》系列科普图书分为《数字智能》《能源材料》《深蓝探索》《生命科学》四本分册，共选取 80 个前沿科技话题，深入浅出地解析前沿科技背后的科学原理，多维度揭示前沿科技对生产生活的影响。

在《数字智能》中，你将看到信息技术、数字技术、人工智能技术是如何让我们的生活更加智能的；在《能源材料》中，你会惊叹人类生存的根基——从石墨烯的原子级革新，到核聚变的人造太阳梦想，从光伏电池对太阳能的极致转化，到海水制氢开启的蓝色能源革命；在《深蓝探索》中，你会踏上人类探索未知领域的伟大征程，伴“雪龙 2”号破冰船以双向破冰技术劈开南极冰原，随“奋斗者”号载人潜水器在万米海沟完成深潜试验；在《生命科学》中，你会见证科技对生命的守护，CAR-T 细胞疗法打造抗癌“特种兵”精准消灭癌细胞，基因编辑技术挥动“魔法剪刀”修复缺陷基因。《你好！前沿科技》以最具话题性和创新性的科技“新鲜事”，撬开青少年探索科技的好奇心；通过大量简洁生动的插图，将抽象的概念可视化，增加阅读的趣味性；搭配 STEM 课程、前沿科技实验室探秘等科普视频，让阅读跳出书本，在理论与实践的对话中构建完整的科学认知体系。

最后，我郑重地向广大读者尤其是青少年朋友们推荐本书，《你好！前沿科技》的独特价值在于：它既不是艰深晦涩的学术报告，也不是浮浅零散的快餐资讯，而是在学术性与可读性之间找到了巧妙的平衡点。希望《你好！前沿科技》系列科普图书可以以理性之光照亮科学探索的前路，引领大家走向更广阔的科学天地，在青少年读者心中播下科学的种子，助力青少年成为中国科技创新的明日之星。

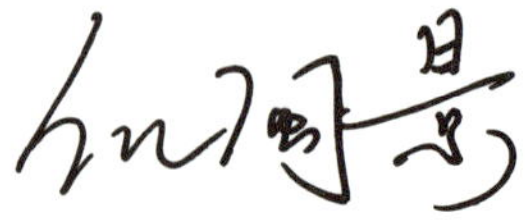

全国政协委员

上海科技馆馆长

CONTENTS 目录

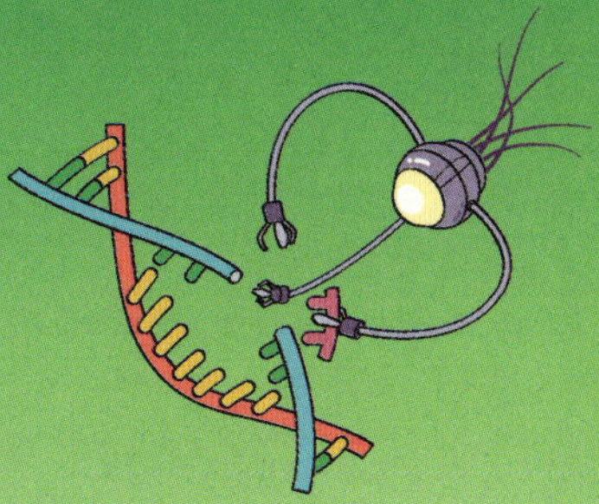

抗癌“特种兵”
——CAR-T 细胞疗法

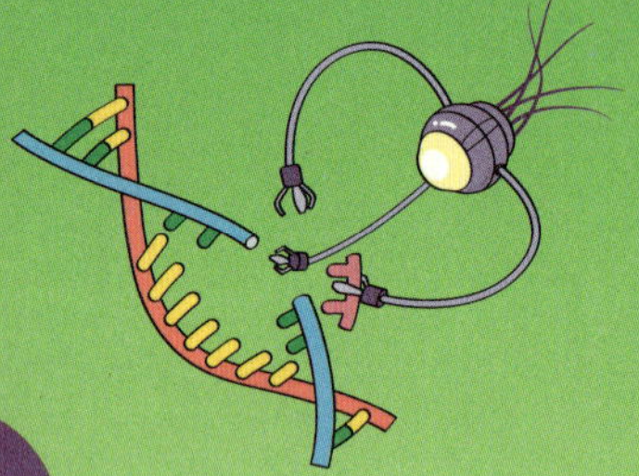

科技前沿

2021 年 6 月 22 日，中国首款获批上市的 CAR-T 细胞疗法药品——阿基仑赛注射液问世。同年 8 月 26 日，国内首例使用 CAR-T 细胞疗法的淋巴瘤患者在上海瑞金医院出院，评估症状完全缓解。

以前，在很多人眼中，患上癌症几乎等同于死亡。但随着医学的发展，癌症也并非难以治愈。

癌细胞是怎么形成的？

一名成年人体内有数十万亿个细胞，它们不断更新换代，新细胞诞生，老细胞凋亡，维持人体功能的正常运转。我们的免疫系统如同一支“巡逻队”，能及时清除异常细胞。然而，某些“变异者”却因遗传缺陷、环境因素或不良习惯“伪装”成功，逃脱免疫系统的追捕。这些“变异者”会先大量增殖，继而四处作乱，形成恶性肿瘤。

CAR-T 细胞疗法需经历从患者体内提取 T 细胞、体外改造、扩增到最终回输的全过程，这种“量身定制”的治疗手段成本极高，治疗费用高达百万元。

CAR-T 是如何消灭癌细胞的？

手术、放疗、化疗、靶向治疗和免疫治疗是当前肿瘤治疗的五种主要手段。医生会根据具体情况来决定采用哪种治疗手段。近年来，“后起之秀”免疫疗法走进人们的视野，嵌合抗原受体 T 细胞免疫疗法（chimeric antigen receptor T-cell, CAR-T）就是其中一项代表性技术。

CAR-T 通过改造免疫系统中的 T 细胞，赋予它们两大绝招，使其成为“抗癌特种兵”，再输回人体中对付癌细胞。第一招“火眼金睛”：癌细胞擅长伪装，但它们表面的特殊印记（例如 CD19 分子）会暴露踪迹。科学家们充分利用这一处“破绽”，在 T 细胞中植入一种特殊的嵌合抗原受体（CAR），形成 CAR-T 细胞，使其能够有效识别特定抗原。改造后的 T 细胞如同拥有“火眼金睛”，可以精准识别并消灭淋巴瘤、血液肿瘤等特定类型的恶性肿瘤。

另一招“分身术”：癌细胞增殖迅速，单靠少量 T 细胞难以消灭。科学家在体外对 CAR-T 细胞进行培养和增殖，使其数量增长成百上千倍，再将其回输到人体。它们一旦进入体内便会迅速“集结成军”，对癌细胞展开全面围剿。

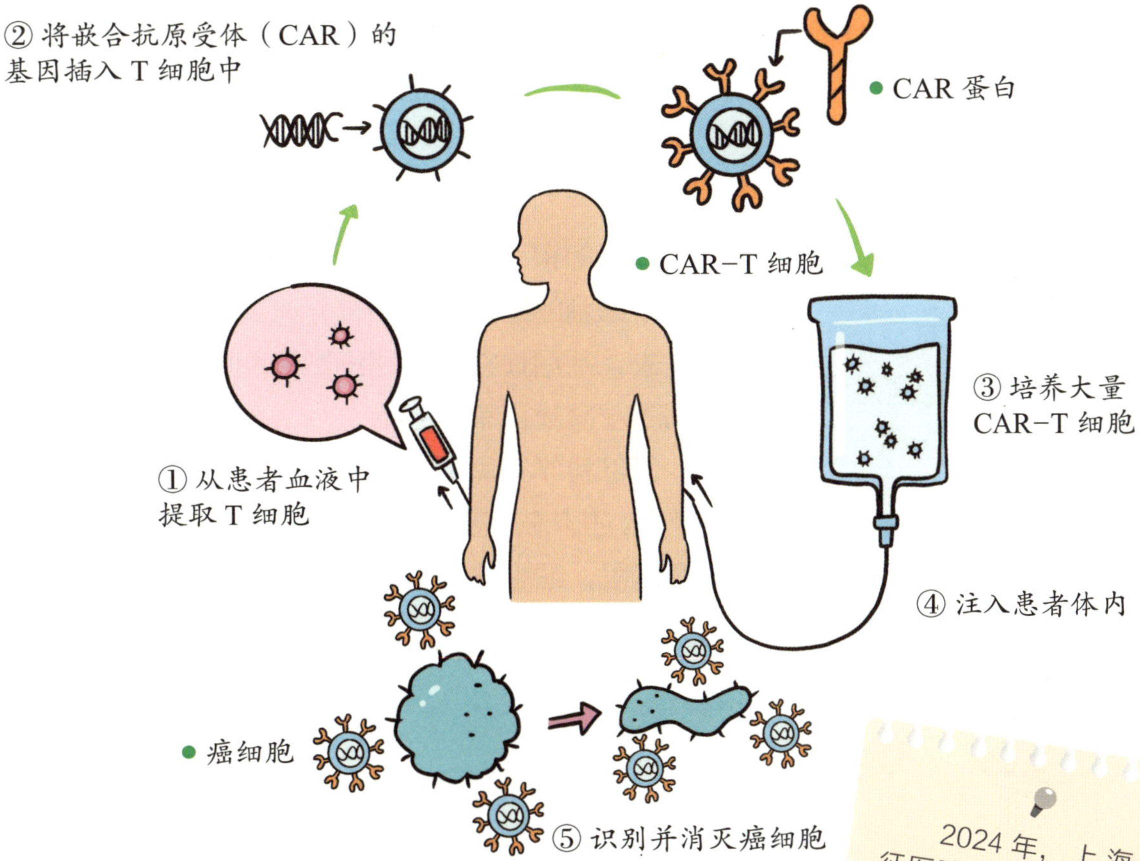

经过这些改造，CAR-T 实现了对癌细胞的“精准捕杀”。在临床上，许多患者的症状显著缓解，甚至完全消失。随着技术进步和生产工艺的优化，未来，这种疗法有望降低成本，让更多患者从中受益。

2024 年，上海长征医院的徐沪济教授团队开创性地使用了异体通用型 CAR-T 细胞疗法，将其用于治疗风湿免疫性疾病，并由此入选《自然》（*Nature*）2024 十大人物榜单。

克隆猴诞生记

科技前沿

2017年，中国科学院神经科学研究所孙强团队成功克隆两只猕猴“中中”和“华华”，这是世界上首次实现非人灵长类动物的体细胞克隆。2024年，该团队再传喜讯，报告了一只成功克隆并存活到三岁的健康恒河猴。

自“多莉”诞生以来，科学家们利用克隆技术陆续培育出了小鼠、兔子、猪等多种动物，但灵长类动物的体细胞克隆却长时间未能取得突破。

克隆猴为什么这么难？

克隆的核心技术是体细胞核移植。简单地说就是将卵细胞的细胞核取出来，再将体细胞的细胞核放进去，然后让它代替卵细胞的细胞核工作，指挥卵细胞发育成正常的胚胎。

既然科学家早已成功克隆过大型哺乳动物，掌握了克隆技术的主要流程，那为什么还卡在了克隆猴这一关呢？主要难点有三个：首先是“拆核”难。猴的卵细胞里，细胞核藏得深，还很脆弱，得在显微镜

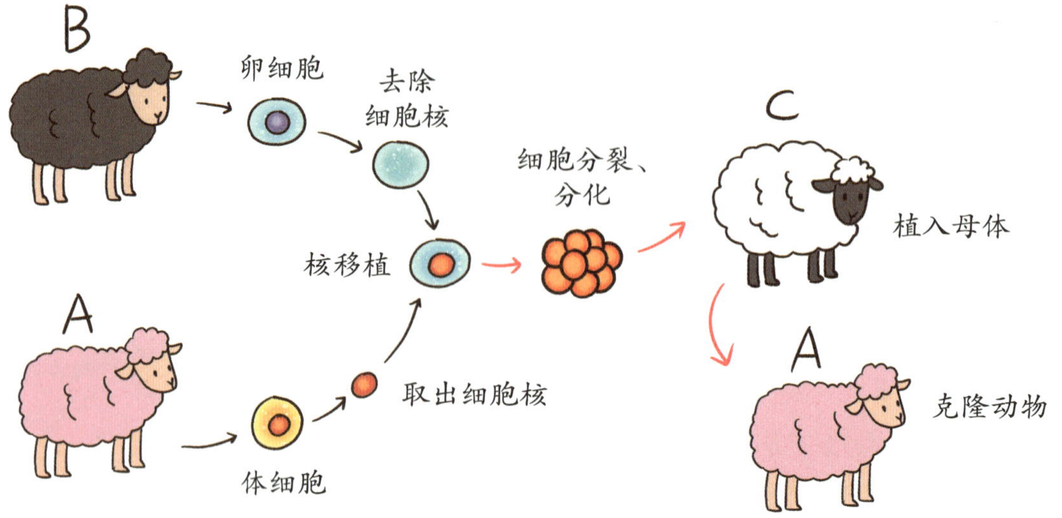

下快速、精准地把它挑出来；其次是“唤醒”时机难。当把体细胞的细胞核放进卵细胞后，得掐准时间“叫醒”卵细胞开始发育。否则卵细胞发育程序就会全部乱套，无法正常生长；最后是“长大”难。体细胞的细胞核本来不是用来发育的，突然被塞进卵细胞“扮演”受精卵。得想尽办法一路“保驾护航”，才能让它慢慢长大。这三个难点叠在一起，让克隆猴成了科学界的“硬骨头”。

世界首例体细胞克隆猴
——“中中”“华华”是如何诞生的？

为了培育出克隆猴，科研团队进行了长达五年的探索。为了解决猴卵细胞不透明的问题，研究人员用偏振光来辅助“打光”，以最快的速度精准去除细胞核。通过反复练习，刘真博士练就了 10 秒内去除卵细胞核的高超技术，为克隆成功奠定关键基础。

此外，克隆的另一关键是将体细胞的细胞核“重置”为胚胎状态，这一过程被称为重编程。但灵长类动物的卵细胞里缺少两种重要的重编程物质，导致细胞核不愿意变成胚胎细胞的状态。后来，科学家往细胞里补充了一些新的物质，给细胞发送新的操作指南。这么一做，克隆胚胎的发育成功率显著提升，就像给卡住的程序重启了一样，让克隆猴的成功变成可能。

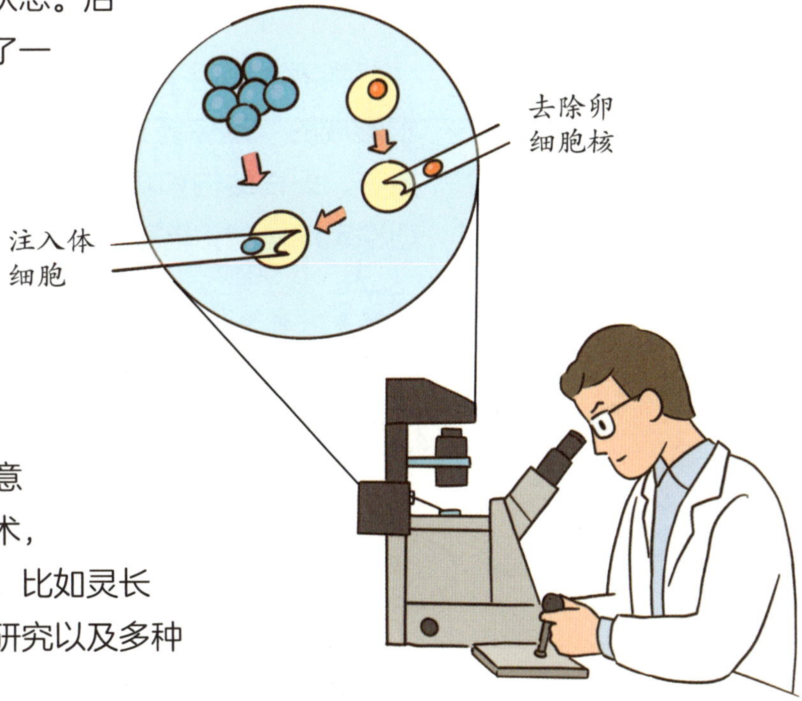

克隆猴技术的突破，意味着人类可以借助这一技术，揭开更多生命科学的奥秘，比如灵长类的发育机制、大脑疾病研究以及多种疑难病症的成因。

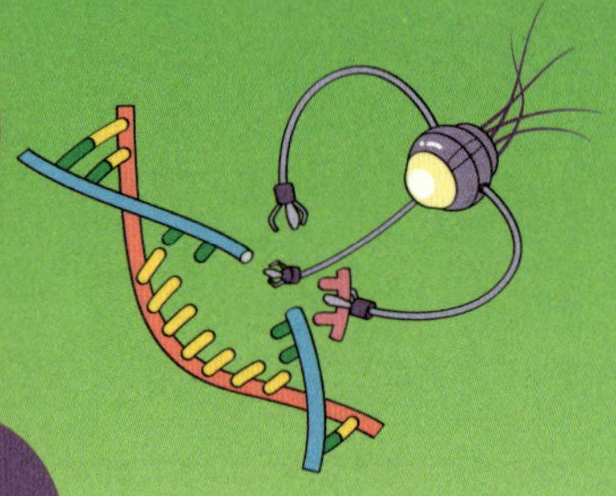

器官
也能“种”出来？

科技前沿

2024 年，上海某研究团队发表论文，指出通过将皮肤类器官与 3D 生物打印技术相结合，成功加速修复了大面积受损皮肤，为临床治疗提供了新思路。

说到器官，很多人首先想到的可能是眼睛、心脏或肝脏。但其实，皮肤才是人体最大的器官，成年人的皮肤面积可达 1.5 ~ 2 平方米。皮肤不但具有感受外界刺激的功能，还可以保护人体内部组织免受外界伤害。然而，当皮肤遭遇严重烧伤时，传统的治疗手段并不理想，不仅皮肤修复效果有限，而且还会导致创面瘢痕增生等问题。新研究的出现，为因烧伤等情况导致皮肤大面积受损的患者带来了新希望。

什么是类器官？

类器官是用干细胞在实验室里通过三维细胞培养技术形成的“迷你器官模型”。它们虽然不是真正的人体器官，但在结构和功能上和人体器官很像，而且还能长期稳定地复制和培养。

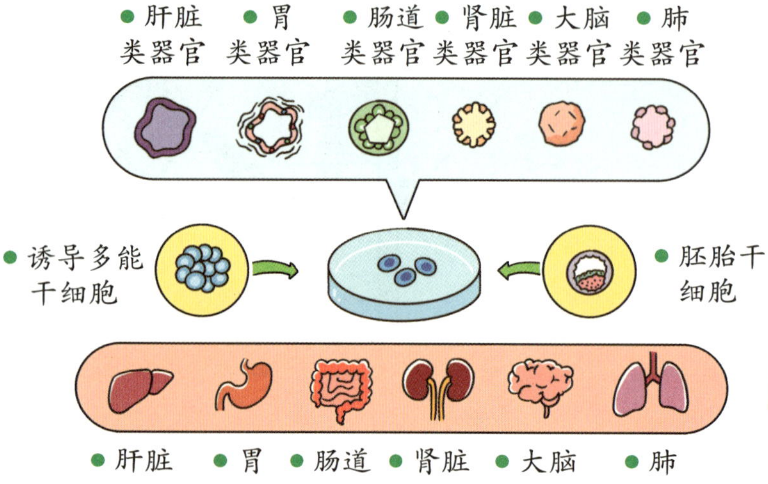

在所有细胞中，干细胞是最神奇的，它就像“种子”一样，拥有强大的增殖能力，可以不断分化出子代细胞，维持细胞和组织的再生，修复受损器官。

小身材，大能量：类器官的惊人潜力

类器官虽小，却在医学和科学研究等领域展现了巨大能量。上海某研究团队利用人角质形成细胞、成纤维细胞和内皮细胞，培养出微小的球状皮肤类器官，再将它们与水凝胶混合在一起，合成“生物墨水”。然后，把它加到特殊的 3D 打印机中，挤出成型，并利用两种不同波长的光照射使其固化，形成“3D 生物打印皮肤类器官”。实验证明，这种皮肤类器官可以促进伤口原位愈合，加速皮肤表层再生和血管网络形成，提升愈合质量。

另外，传统的药物研发需要通过动物试验评估药物的安全性和有效性，比如用猴子、猪等大动物模拟人体的生理反应。然而，这种方法不仅耗时费力，还可能因动物与人体的生理差异导致试验失败。通过类器官模拟人体器官对药物的反应，不仅更精准，还可以显著提高研发效率。

“凭空变馒头”，人造淀粉是如何合成的？

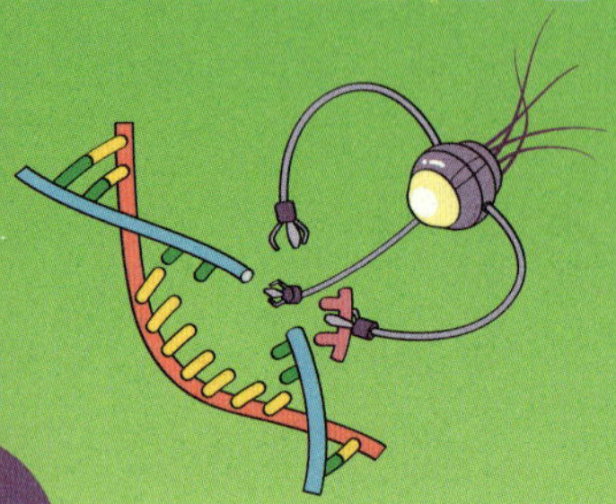

科技前沿

2021 年 9 月，中国科学家首次在实验室实现了二氧化碳到淀粉的从头合成，让淀粉生产从农业种植转向工业生产成了可能。2022 年底，二氧化碳人工合成淀粉的工程化测试平台建成，标志着这一技术从实验室走向了生产线。

淀粉是我们日常饮食中主要的能量来源，但传统的淀粉生产过程需要大量的土地和淡水资源，而且受天气影响很大。能不能模拟自然界的淀粉合成过程，实现人造淀粉的合成呢？

从二氧化碳到淀粉，“酶”它不行

玉米、红薯、小麦等农作物通过光合作用将二氧化碳转化成淀粉的过程极为复杂。理论上，能量转化效率只有 2% 左右。

农作物合成淀粉的机制需要经过 60 多步生化反应，其中大多数反应都需要酶的参与。可以说，酶就像一条穿山隧道，没有它，“合成之路”可能要绕远路，甚至无法走通。

人工合成淀粉的关键挑战就在于筛选合适的酶：酶的多功能性容易引发副反应，不同酶可能竞争同一反应物或生成多个产物。针对这些难题，科研人员从动植物、微生物等 31 种生物中筛选出 62 种酶，并对关键酶进行定向改造，逐步突破合成路径中的催化瓶颈。

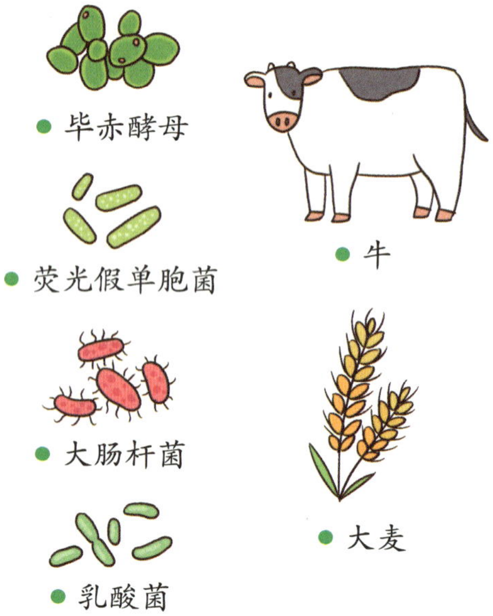

搭建人造淀粉的“积木之路”

面对烦琐的生物合成步骤，科学家们并不是简单地模仿或者删减，而是以“搭积木”的方式拼接出一条简洁高效的淀粉合成路径：首先，科研人员利用化学催化剂将高浓度二氧化碳转化为碳一（C1）化合物。然后通过设计碳一聚合新酶，将碳一化合物聚合成碳三（C3）化合物，最后通过生物途径优化，将碳三化合物聚合成碳六（C6）化合物，再进一步合成直链和支链淀粉——多碳（C*n*）化合物。

虽然每个模块的原料和产物固定，但中间过程仍需通过反复试验优化组合方式。在无数次尝试之后，科研人员最终设计出最佳的组合方式，只要 11 步反应就可以实现人工合成淀粉，而且合成速率是玉米自然合成速率的 8.5 倍。也就是说，容积 1 立方米的生物反应器，就能产出相当于 3000 多平方米玉米地的淀粉量。研究仍在继续，科学家们的下一步目标是实现规模化工业生产，将这项革命性技术真正投入实际应用。

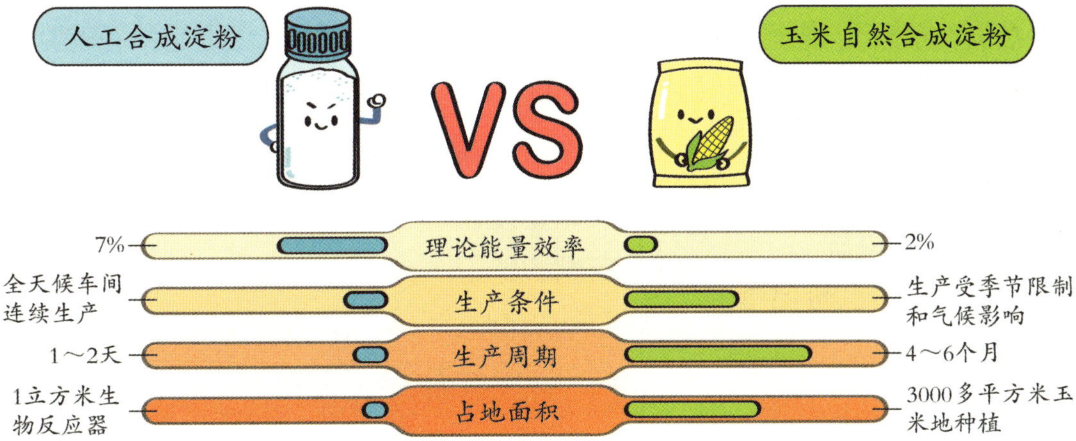

将猪心移植到人体，离我们还有多远？

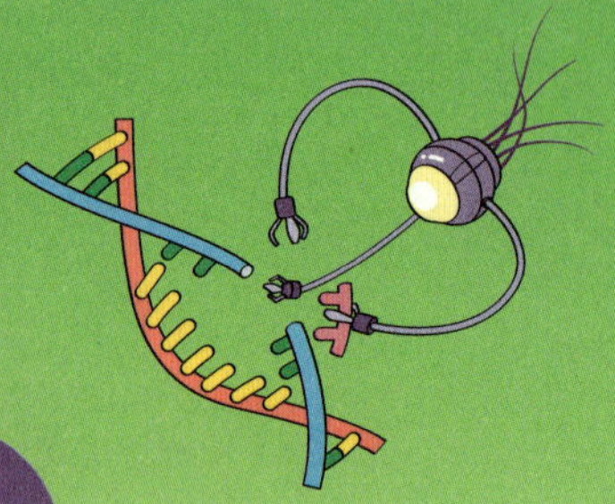

科技前沿

2022 年 1 月，美国马里兰大学医学院完成了全球首例猪心移植手术，患者术后存活近两个月。2023 年 9 月，同一团队宣布完成全球第二例猪心移植手术，但患者六周后因多重并发症去世。

我们的身体就像一台复杂的机器，当出现故障时，更换部件——器官移植，便是其中一种修复手段。然而，许多患者面临着等待移植器官的漫长过程，甚至可能一直等不到合适的器官。因此，科学家们开始从动物器官中寻找解决方案。

猪的器官为什么适合作为供体？

《人体器官捐献和移植条例》于 2024 年 5 月 1 日起施行，标志着我国在人体器官捐献和移植领域的法律进一步完善和发展。

面对器官短缺问题，科学家起初聚焦于猩猩、狒狒等灵长类动物。但发现这些动物存在培育成本高、病毒易传染人类等风险。经过深思熟虑之后，科学家们把目光转向猪。因为猪的器官组织结构与人类相近，传播人畜共患疾病的风险较小，且饲养成本低，繁殖速度快，是理想的供体选择。当然也不是所有的猪都可以成为供体，只有经过严格筛选和检测的“特种猪”才能担此重任。

基因编辑：从不可能到可能

将猪心移植给人类并非易事，最大的阻碍之一就是人体免疫系统的排斥反应。我们的免疫系统如同一支精锐的卫队，当侦测到“入侵者”时，就会立即启动防御机制。由于人和猪属于不同的物种，人体会对猪心产生严重的免疫排斥反应。

为解决这一问题，科学家们利用基因编辑技术，敲除了猪体内 3 个会引起人体免疫系统排斥的基因和 1 个控制猪心大小的基因，并在其基因组里嵌入 6 个人体基因，来提高人体免疫系统对猪心的接受度。此外，为维持这种关系，还需要长期使用抗排斥药物。

人造器官：
未来人体器官的“配件工厂”

人源化器官是指通过生物工程技术，在动物体内培育出具有人类细胞和组织结构的器官。

通过干细胞培养技术，科学家们已经成功培育出皮肤等构造简单的器官。2023 年 9 月，我国科学家在猪体内首次培育出人源中期肾脏，向复杂器官的人工制造迈出重要一步。

人造器官不仅可以缓解供体短缺，还能显著降低免疫排斥的风险。未来，这项技术或将像流水线生产机器配件一样，为患者提供量身定制的“生命组件”。

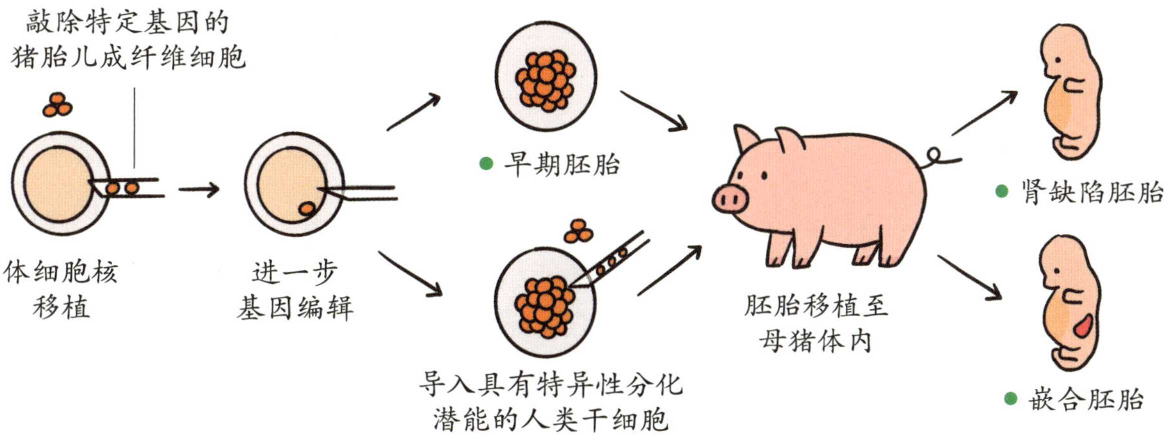

艾滋病
可以被“治愈”吗？

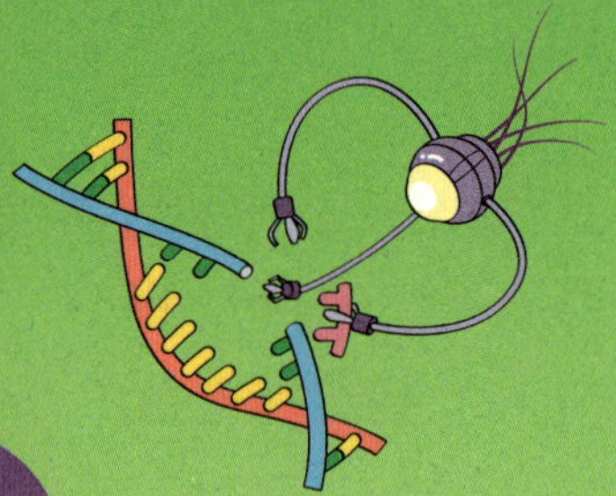

科技前沿

2024 年 7 月，一位德国科学家在第 25 届国际艾滋病大会上报告了一名接受造血干细胞移植后“痊愈”的艾滋病患者，这是全球第七名实现艾滋病长期缓解的患者。

自 1981 年首个病例被报道，人类与艾滋病的斗争已持续了几十年。如今，艾滋病仍旧是全球公共卫生领域面临的巨大挑战。

什么是艾滋病？

艾滋病，全名“获得性免疫缺陷综合征”，是一种由人类免疫缺陷病毒（human immunodeficiency virus, HIV）引发的疾病。这种病毒非常狡猾，专门攻击人体免疫系统中的一种非常重要的白细胞——CD4+T 淋巴细胞。随着这类细胞的逐渐减少，免疫系统会被不断削弱，使患者无法抵抗普通感染，最终因免疫系统崩溃而死亡。

抗逆转录病毒治疗，俗称“鸡尾酒疗法”，由美籍华裔科学家何大一于 1996 年提出。因其药物的配置方法是采用多种药物混合，与鸡尾酒的配置方式类似而得名。

艾滋病为何难以攻克？

HIV 是一种逆转录病毒，它能在病毒逆转录酶的作用下，在宿主细胞内不断生产新的病毒颗粒。目前，抗逆转录病毒治疗是治疗艾滋病的主要手段。这种疗法可以减少病毒因单一用药产生的抗药性，最大程度地抑制病毒复制，为免疫系统恢复战斗力争取时间，延缓病情发展。

尽管抗逆转录病毒治疗在控制病毒方面成效显著，但 HIV 仍然难以被完全清除。原因是这种病毒十分狡猾，擅长潜伏。同时，它们在复制过程中频繁突变，经常“改头换面”，使得免疫系统和药物难以跟上它们的变化。这使得艾滋病的治愈之路困难重重。

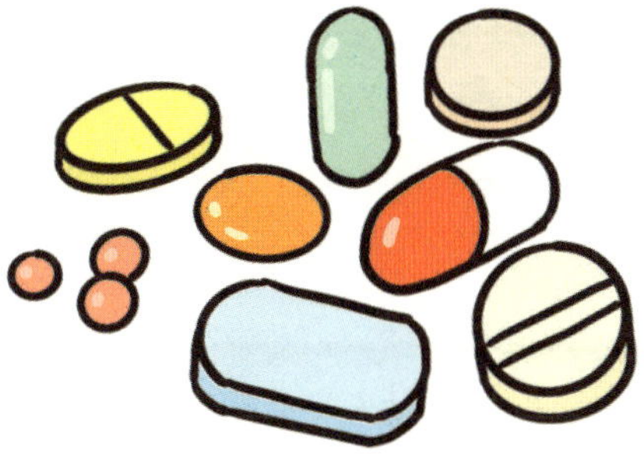

造血干细胞移植 为何能成为突破点？

HIV 入侵细胞时，依赖一种名为 CCR5 的蛋白。然而，部分人因罕见的基因突变，体内的 CD4+T 细胞表面天生缺乏这种蛋白，这使得他们对人类免疫缺陷病毒具有天然抵抗力。这一特性启发科学家们探索通过移植带有这种突变基因的造血干细胞来阻断病毒感染的可能性。

长期缓解是指患者体内的病毒水平被压制到极低甚至无法检测的程度，并且无须药物维持。但病毒仍有复发的可能，因此需定期监测。

在全球已报道的七例实现艾滋病长期缓解的病例中，患者均接受了携带 CCR5 基因缺失突变的造血干细胞移植。移植后，患者的免疫系统被重建，新的免疫系统不仅缺乏病毒入侵所需的 CCR5 蛋白，还逐渐清除了体内残存的病毒。

尽管这种疗法目前仅用于极少数特殊情况，无法大范围推广，但这些病例仍旧为科学家们探索其他潜在治疗途径提供了宝贵参考。

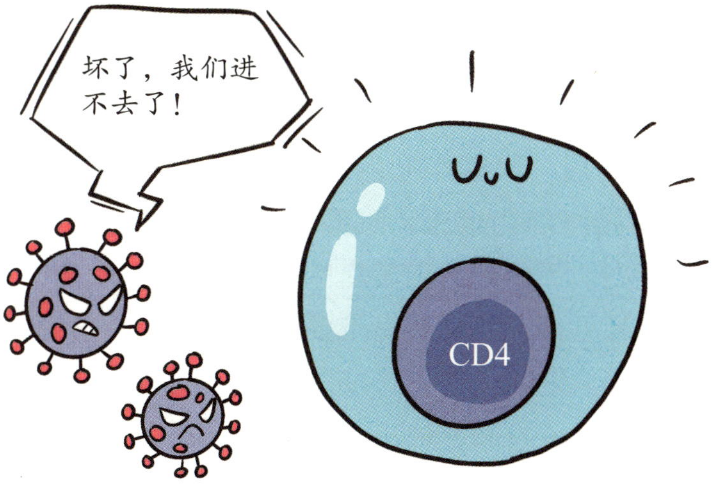

转基因植物所在之处“寸草不生”？

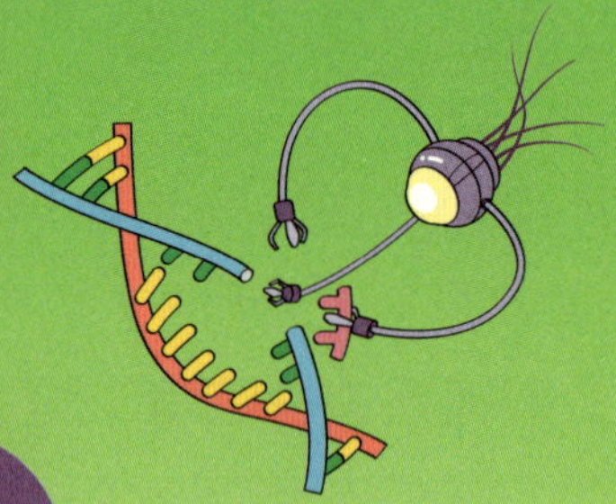

科技前沿

2021 年 5 月，英国约克大学主导的一项研究揭示了转基因柳枝稷草的潜力，这种植物能够有效清除军事训练场地、弹药库和雷区中残留的炸药环三亚甲基三硝基胺（RDX，又被称为“黑索金”）。

一说到转基因，很多人总是心有芥蒂，担心转基因食品会危害人体健康，认为转基因植物会影响其他植物的正常生长。但真的是这样吗？

什么是转基因植物？

转基因植物，通俗地说就是拥有其他物种基因的植物。科学家们通过基因工程技术，将其他物种的基因插入某种植物的基因组中，使其拥有某些特殊功能。这种技术在农业中带来了显著的益处，例如提高作物产量、减少农药使用量、改善作物品质，以及增强作物的抗虫、抗病、抗旱能力。不仅如此，转基因技术对环境保护同样具有重要意义，因为它减少了农作物对农药的依赖。

目前，最常见的转基因技术就是给作物转入抗虫的 Bt 基因，这是一种源于土壤的苏云金芽孢杆菌（*Bacillus thuringiensis*，简称 Bt），能让作物产生对害虫有害的 Bt 毒蛋白。

● 非转基因棉花　　● 转基因棉花

转基因作物的全球种植情况

目前，全球范围内转基因作物种植已十分普遍。2023 年，美国以约 74.4 万平方千米的种植面积位居全球转基因作物种植面积之首，而我国则以约 2.8 万平方千米的种植面积位列第八。我国主要的转基因作物是棉花，是亚洲第二大转基因棉花种植国。

2023 年全球主要转基因作物种植国及其面积变化

排名	国家	转基因作物种植面积	与上年同比 /%	占全球转基因作物总比 /%
1	美国	74.40 万平方千米	−0.4	36.1
2	巴西	66.90 万平方千米	5.9	32.4
3	阿根廷	23.10 万平方千米	−1.4	11.2
4	印度	12.10 万平方千米	−2.3	5.9
5	加拿大	11.50 万平方千米	1.5	5.6
6	巴拉圭	4.30 万平方千米	8.2	2.1
7	南非	3.30 万平方千米	3.6	1.6
8	中国	2.80 万平方千米	−7.9	1.3
9	巴基斯坦	2.30 万平方千米	33.3	1.1
10	玻利维亚	1.50 万平方千米	7.0	0.7
	其他国家	4.10 万平方千米	−1.8	2.0

尽管存在一些关于转基因植物的争议和担忧，但大多数科学研究的结果表明，转基因作物对环境和人体健康的影响是可控的，并且在经过严格审批和监测的情况下使用是安全的。转基因技术的研究和应用是一个长期过程，随着技术的进步和研究的深入，我们能够更全面地了解其益处和潜在的风险，并据此不断完善监管措施。

转基因并非只存在于实验室里，自然界中也会发生类似现象。

二价、四价、九价，HPV 疫苗为什么可以预防宫颈癌？

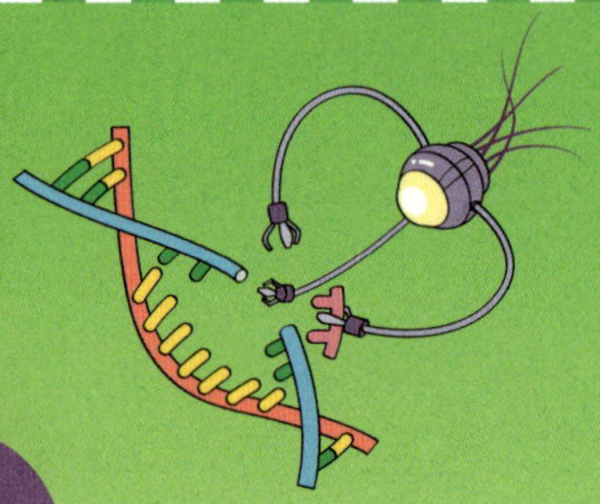

科技前沿

2024 年 8 月，国家药品监督管理局药品审评中心官网显示，一款国产九价 HPV 疫苗的上市申请获得受理。

疫苗是我们抵抗病毒的重要工具。从新生儿时期的卡介苗到成年后的流感疫苗，它们在守护健康中扮演着不可或缺的角色。近年来，人乳头瘤病毒（human papilloma virus, HPV）疫苗备受瞩目，甚至一度在国内出现“一针难求”的现象。那么，为什么大家都在争相接种 HPV 疫苗？二价、四价、九价又代表了什么？

HPV 疫苗是什么？

二价、四价、九价有什么区别？

HPV 感染不只发生在女性身上，男性也有感染风险。

有研究显示，99.7% 的宫颈癌都与感染高危型 HPV 有关，因此 HPV 疫苗也被称为宫颈癌疫苗。

HPV 拥有多种亚型，不同的 HPV 疫苗可以预防不同亚型的 HPV 感染。二价 HPV 疫苗主要针对 HPV16 和 HPV18 两种高危亚型，这两种亚型导致了约 70% 的宫颈癌；四价 HPV 疫苗在二价的基础上增加了对 HPV6 和 HPV11 两种低危亚型感染的预防；九价 HPV 疫苗则覆盖了更多的高危亚型，包括 HPV16、HPV18、HPV31、HPV33、HPV45、HPV52、HPV58，以及低危亚型 HPV6 和 HPV11，能提供更广泛的保护。

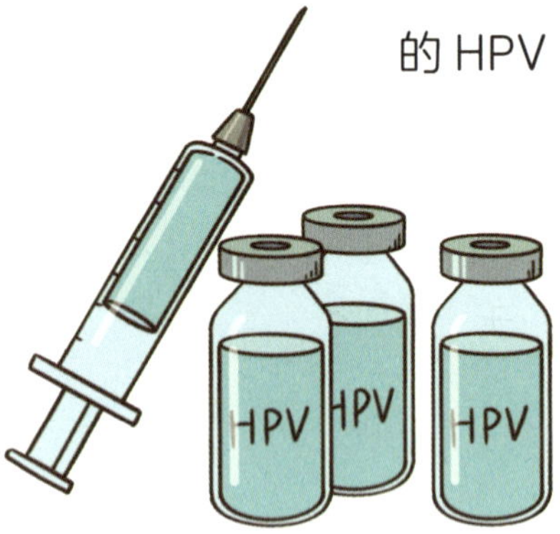

从生产到使用，
HPV 疫苗如何预防宫颈癌？

HPV 疫苗的生产依赖于现代基因工程技术。科学家们从 HPV 中锁定了一个关键目标——L1 蛋白。这种蛋白是 HPV 外壳的主要成分，也是免疫系统识别病毒的标志物。由于 HPV 无法直接在实验室中培养，科学家们巧妙地用酵母菌、大肠杆菌等，生产 L1 蛋白并让其组装成结构类似病毒的疫苗颗粒，以此诱导免疫系统对 HPV 的 L1 蛋白形成记忆，达到预防 HPV 感染的目的。不同的 HPV 病毒 L1 蛋白结构不相同，因此 HPV 疫苗能预防哪些 HPV，就分别包含了这些 HPV 对应的 L1 蛋白类似物。

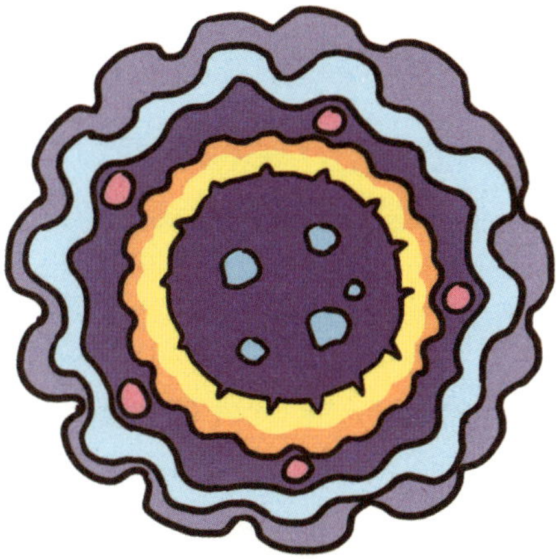

HPV 病毒
蛋白质外壳包裹着 DNA

病毒样疫苗颗粒
只有和病毒相似的外壳

接种 HPV 疫苗就像给免疫系统发放了一张高清画像的“通缉令”。当真正的病毒侵入人体时，免疫系统就能迅速识别它们，并指挥抗体将其消灭，从而阻止病毒进一步繁殖和感染。通过科学预防，我们可以将宫颈癌的威胁降到最低，为健康人生筑起坚实屏障。

接种疫苗后仍需定期进行宫颈癌筛查，因为 HPV 疫苗虽然覆盖了主要致病亚型，但并不能完全消除所有感染风险。

打开生命的“天书”，基因测序是如何实现的？

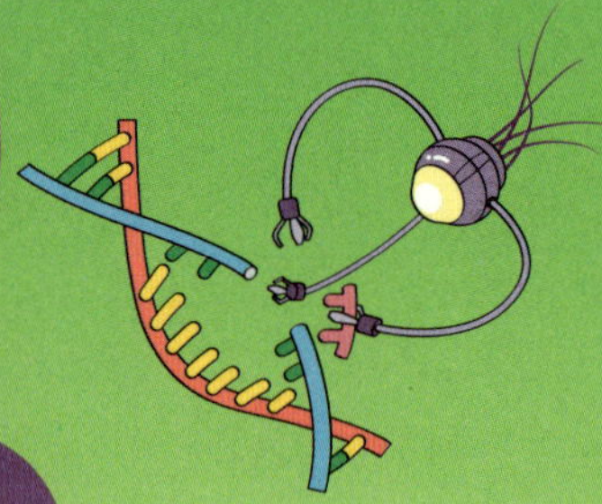

科技前沿

2022 年，由国际科学家团队绘制的首个完整无间隙人类基因组序列于《科学》（*Science*）特刊公布，这一图谱填补了 2001 年人类基因组序列草图的“空白”间隙。

你是否好奇过，同样是猫，为什么有些是长毛，有些是短毛，还有些甚至没有毛？为什么形态各异的它们都是猫呢？其实，这些都是由基因决定的，而判断这些动物是否属于同一物种，或者探索它们的遗传奥秘，离不开一项重要技术——基因测序。

什么是基因测序？

人类 DNA 的多样性源于四种碱基——腺嘌呤（A）、胸腺嘧啶（T）、胞嘧啶（C）和鸟嘌呤（G）的不同排列。这些碱基按互补配对原则形成约 30 亿个碱基对，构成了人类 DNA 的丰富序列信息。

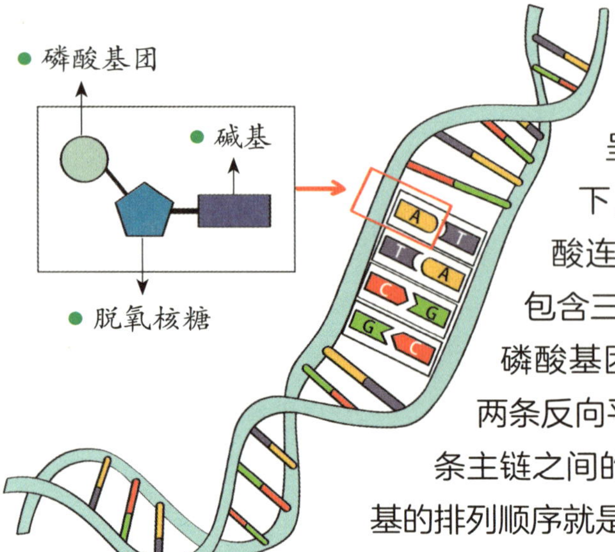

说到 DNA，想必大家都不陌生，它是生物体内存储遗传信息的分子，呈双螺旋结构。如果把 DNA 拆解一下，你会发现它是由许多个脱氧核糖核苷酸连接而成的，而每个脱氧核糖核苷酸又包含三个部分：磷酸基团、脱氧核糖和碱基。磷酸基团和脱氧核糖“手拉手”形成了 DNA 两条反向平行的主链，就像梯子的两条长杆；两条主链之间的“横档”是一对相互匹配的碱基，碱基的排列顺序就是 DNA 携带遗传信息的基本形式。

基因测序就是通过测序设备对脱氧核苷酸的碱基排列顺序进行测定，从而解读生物体的遗传密码。

如何进行基因测序？

如果把 DNA 比作一本生命“天书”，首先，我们要做的是从血液或唾液等样本中提取 DNA，也就是获得这本书的原稿。由于 DNA 非常长，所以我们需要把这份原稿拆开来，一页页慢慢研究，也就是将 DNA 片段化。接下来，为了方便后续拼装，科学家会给每个 DNA 片段加上特殊的标记，就像给书页标注页码。这些带有标签的 DNA 片段经过进一步处理后，便构成了用于深入研究遗传信息的 DNA 文库。

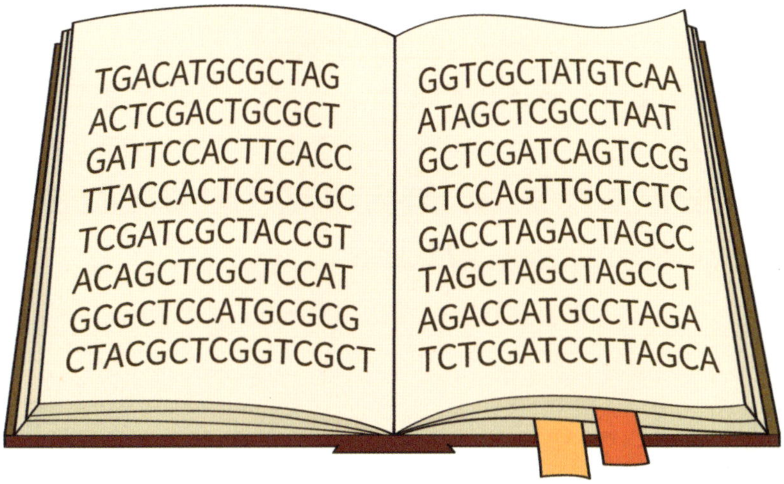

为了提高测序效率，科学家还会将每个 DNA 片段扩增，就像将书页复印多份一样，确保测序平台能同时处理多个片段。而接下来的测序反应，就像是拿四种不同颜色的荧光笔，对 A、T、C、G 四种碱基分别进行标记。最后，科学家用计算机通过生物信息学技术将这些片段拼装起来，重新还原成完整的 DNA 序列。这就像把书上每页的字母顺序还原出来，再把拆散的书页按页码拼凑成一本完整的书。这时候，原稿中陌生的字母就被转化成有意义的信息，如基因变异、遗传等。目前，基因测序技术已被广泛用于疾病诊断、遗传病筛查、法医鉴定、农作物研究等领域。

如今使用最广泛的测序方法是下一代测序技术，也叫作高通量测序，它能够同时对大量的 DNA 片段进行测序。

“滴血验癌”！液体活检为什么能检测肿瘤？

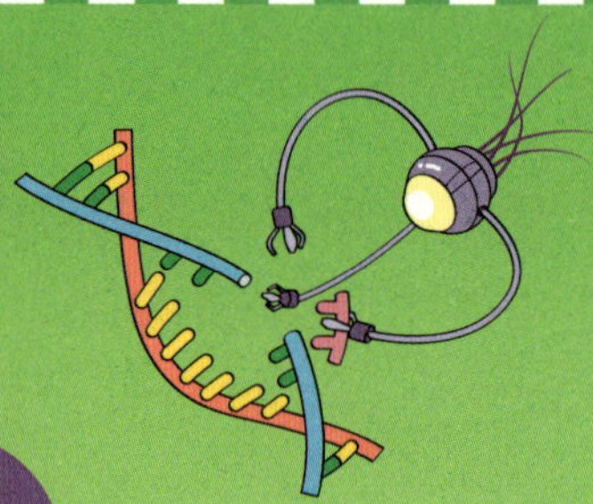

科技前沿

2024 年 7 月 29 日，美国食品药品监督管理局批准了美国某生物技术公司的结直肠癌血液检测筛查项目上市，这是其批准的首个作为结直肠癌主要筛查选择的血液检测。

肿瘤是人类身体健康的重大威胁之一。以前，肿瘤检查主要依靠组织活检，即从体内取出病变组织进行分析。但这种检查方式不仅创伤较大，还可能带来感染等并发症。随着医疗技术的发展，如今只需要采集患者的血液、体液等样本进行液体活检，就可以实现对肿瘤的动态监测。

什么是液体活检？

2015 年，液体活检被《麻省理工科技评论》评为年度十大突破技术。

液体活检是一种非侵入性的癌症检测技术。它主要通过分析血液、脑脊液等体液中的肿瘤基因片段及外泌体等成分，来获取肿瘤相关的信息。这项技术可以用于早期发现癌症、评估治疗效果和监测疾病变化。临床常见的肺癌、乳腺癌、前列腺癌、结直肠癌、宫颈癌等肿瘤均可通过液体活检进行诊断与监测。

液体活检为什么可以检测肿瘤？

简单来说，癌细胞会释放遗传物质进入血液中，而液体活检利用高敏感度的分子生物学技术，可以检测出血液中的癌症特异性基因突变或其他标志物，从而实现癌症的早期诊断。

液体活检的主要检测对象有三：循环肿瘤细胞、循环肿瘤 DNA 和外泌体。循环肿瘤细胞是从肿瘤病灶脱落下来的细胞，它们可以随着血液循环在身体中扩散。循环肿瘤 DNA 则是肿瘤细胞在破裂或凋亡后，释放到体液中的 DNA 片段。外泌体是细胞分泌的小囊泡，通过血液等体液传播，就像是细胞间传递信息的信使，肿瘤细胞分泌的外泌体会传递肿瘤的“指令”，为肿瘤的生长和扩散创造条件。通过检测这些标志性分子，可以发现肿瘤，把握肿瘤的发展动态。

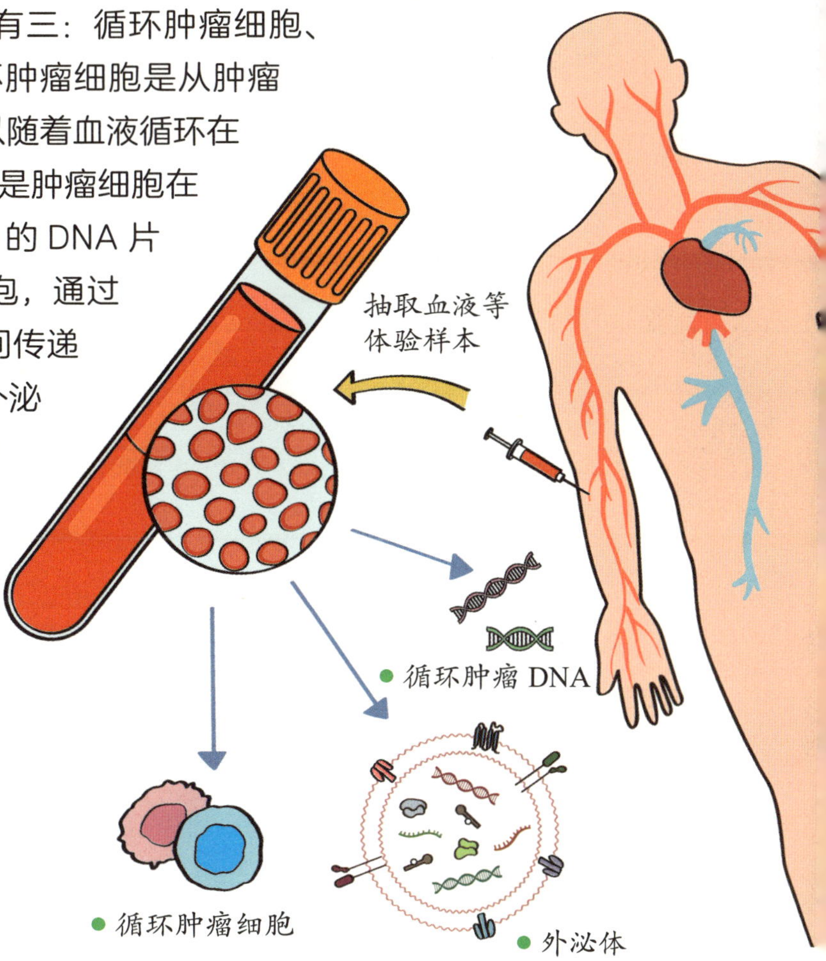

液体活检有哪些应用？

与传统的组织活检相比，液体活检具有操作简便、创伤小和可以重复采样等优点，所以被广泛应用于癌症的早期筛查、伴随诊断、疗效检测、耐药评估等领域。但液体活检也有一定的局限性，比如检测的准确性可能受到多种因素的影响，目前还不能完全替代组织活检。

随着技术的不断进步，液体活检有望在未来发挥更大的作用，为人类健康保驾护航。

玩游戏也能治病？

数字疗法或能给出答案

扫一扫，看视频

科技前沿

2022 年 4 月，一款名为《快乐视界星球 · 视觉训练系统》（以下简称《快乐视界星球》）的儿童斜弱视训练游戏软件获得国家二类医疗器械注册证，这是我国游戏产业获得的首个医疗器械注册证。

吃药、打针、做手术……对于这些传统的治疗方式，大家都不陌生。但如果医生告诉你，每天玩半小时游戏就能达到治疗效果，你会不会觉得难以置信？其实，这种看似新奇的治疗方式并不是科幻，而是数字疗法的实际应用。

什么是数字疗法？

2017 年，世界上第一个数字疗法产品——一款用来辅助治疗药物成瘾的软件于美国问世。

数字疗法以循证医学为基础，由软件程序驱动，帮助预防疾病或者提供个性化的疾病治疗和管理。数字疗法的形式不局限于游戏，还包括各种类型的软件或应用程序，如视频软件、血压监控应用等。它可以单独使用，也可以与药物、手术等传统治疗方法结合使用。

循证医学是指认真地、明确地、审慎地利用现有最好的证据，制定关于个体患者诊治方案的理念。其三个要素是最佳的临床证据、医务人员专业知识和患者意愿与价值观。

目前，数字疗法已被用于精神心理障碍、代谢功能障碍、神经系统障碍、视觉障碍等疾病的干预治疗。比如，有一款数字疗法应用能够持续监测患者的血压变化，并根据每天的波动和长期趋势调整治疗建议。

正是这种“实时调整”的能力，让数字疗法和传统治疗方法不同，特别适合用来应对需要不断调整治疗方案的慢性病。

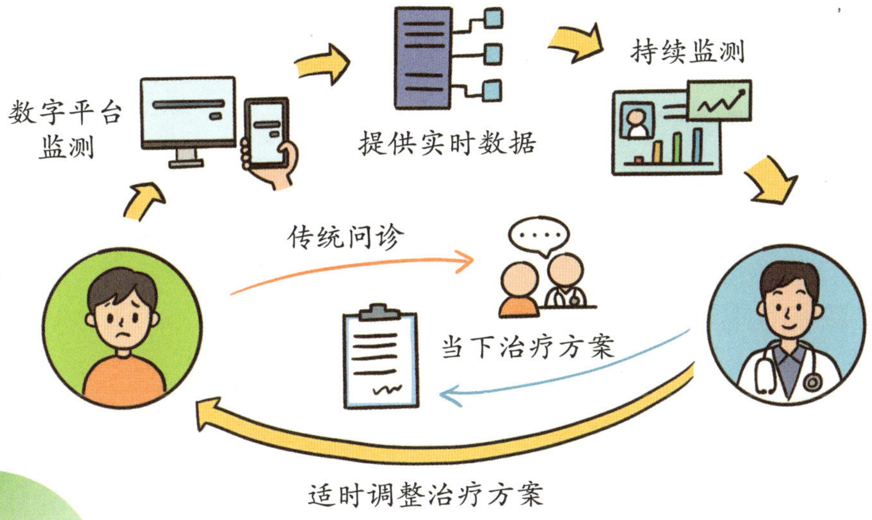

玩游戏怎么治病?

数字疗法还可以通过文字、图片、视频等信息，以及声音、光线、电流等物理因子对患者产生影响。以《快乐视界星球》为例，在这款斜弱视训练软件里，患儿会扮演一只小恐龙，在各种特色主题的场景中拾取各色道具打败敌人。它看似只是一款普通的射击游戏，实际上融入了光栅、红光刺激等光疗方法。更重要的是，这款软件可以通过手机的前置摄像头实时监测患儿的训练姿势和眼罩佩戴情况，并及时提醒纠正。家长还可以通过专属应用程序设定训练时长，查看训练效果，全程参与孩子的康复过程。

随着人工智能、大数据、云计算等数字技术的发展，数字疗法的未来充满了无限可能，它将为大家带来一种全新的健康管理模式，提供更加便捷、个性化的医疗服务。

重写生命的“剪刀”：基因编辑技术

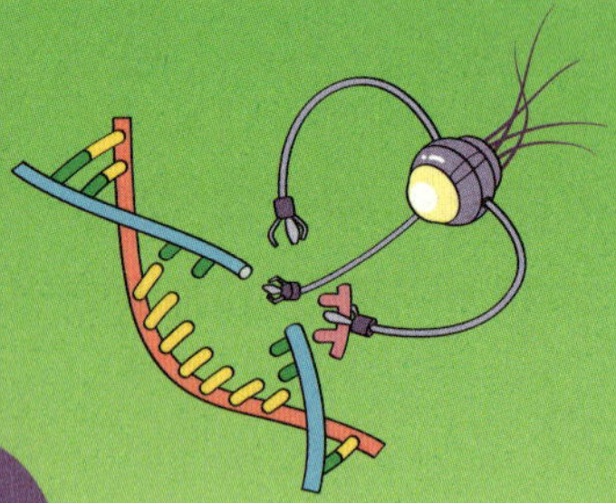

科技前沿

2023 年 11 月，一款基于 CRISPR 技术的基因编辑疗法在英国被批准上市，这是全球首个获批的基因编辑疗法，用于治疗 12 岁及以上的镰状细胞病和输血依赖性 β 地中海贫血患者。

单眼皮还是双眼皮，自然卷还是直发，我们身体的大多数特征都遗传自父母，也就是由基因决定的。但有时候基因会“出错”，发生突变，导致一些遗传性疾病，比如镰状细胞病。有没有什么办法可以修复这些“出错”的基因呢？

灵感源自细菌的“免疫系统”

CRISPR 的中文是“成簇规律间隔短回文重复序列”。

我们的身体有一套强大的免疫系统，随时抵御病毒和细菌的攻击。原核生物中也存在一套特别的免疫系统——当病毒试图感染细菌时，原核生物会将病毒的 DNA 的一小段提取并存储到一个叫“CRISPR”的特定区域中。当同样的病毒再次入侵时，细菌会利用这个“存档”制造特定的“向导分子”，引导一种叫“Cas9”的蛋白将病毒的 DNA 切断，从而阻止病毒扩散。

法国科学家埃玛纽埃勒·沙尔庞捷和美国科学家珍妮弗·道德纳根据这种机制研发出名为“CRISPR/Cas9”的基因编辑

技术。通过模仿细菌免疫系统的“存档”和“剪切”功能，她们发明了一种“基因剪刀”，可以精确地修改 DNA 序列。凭借这项研究，她们获得了 2020 年的诺贝尔化学奖。

基因编辑技术

如何修改 DNA?

要修复基因错误，首先需要找到出问题的基因片段。科学家设计了特定的“向导分子”——向导 RNA（gRNA），它能像导航员一样识别 DNA 中的目标区域，并把 Cas9 蛋白带到正确的位置。Cas9 蛋白则是一个强大的“分子剪刀”，它会精准剪开 DNA 的双螺旋结构，激活细胞自带的修复机制。

细胞有两种修复 DNA 的机制：一种是自然修复，即让细胞“自由发挥”，将缺口补起来，但是修复的结果不可预测，修复后可能变好或变坏；另一种是同源定向修复，科学家会提供一段正确版本的 DNA 模板，让细胞按照模板修复，这种方法更精准，但操作难度更高。

基因编辑技术不仅在遗传疾病治疗方面发挥着重要作用，在其他领域也有着广阔的应用前景，比如：它可以用来培育抗旱、抗虫害的农作物，培育不会传播疟疾的蚊子，甚至可以将有抗药性的癌细胞重新编程……虽然这项技术还面临着准确性、伦理等方面的挑战，但相信随着技术的不断进步，这把“基因剪刀”将带来更多突破。

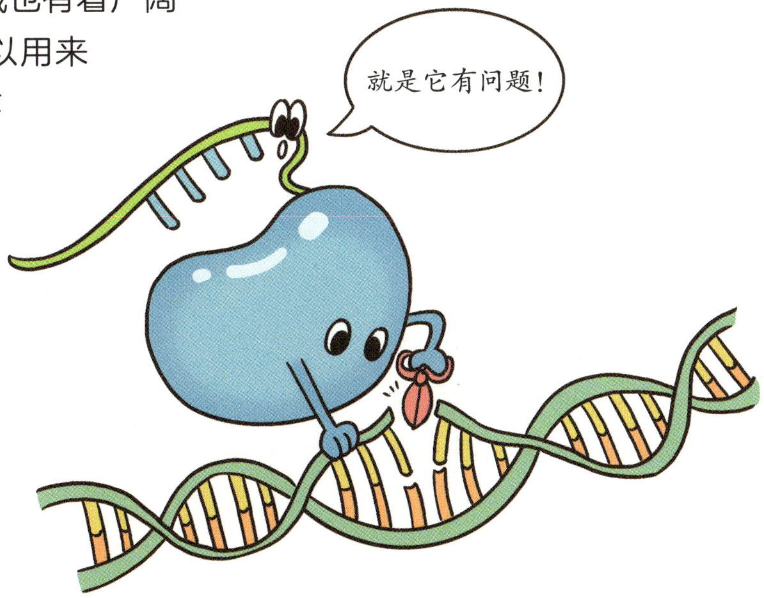

小扣子？
不，是人工角膜！

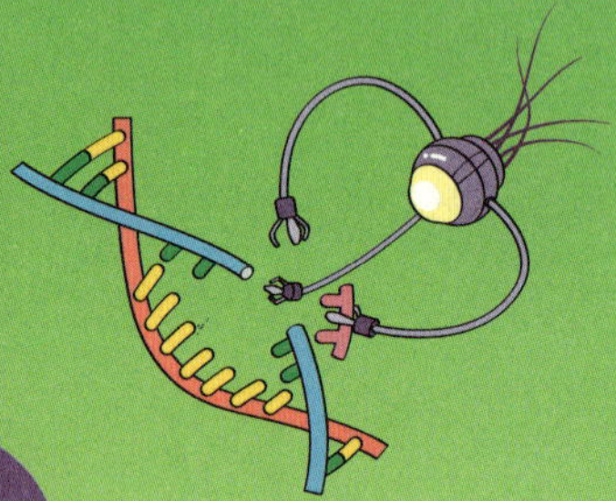

科技前沿

2022 年 4 月 29 日，国内首例自主研发的领扣型人工角膜移植手术在山东省某眼科医院成功实施，意味着我国成为全球少数拥有人工角膜产品的国家。术后第三天，患者视力恢复至 0.5，顺利出院。

我们用眼睛去感受这个五彩斑斓的世界。然而，有一群人却无法享受这样的美好，他们生活在无尽的黑暗中，无法看见眼前的景象，他们就是角膜盲症患者。

什么是角膜盲症？

我们的眼睛如同一台精密相机，角膜就是最外层的"镜头"。当角膜因感染、烧伤或遗传病变变得浑浊时，光线无法正常穿透，会导致视力严重下降甚至失明。这种因角膜病变引发的视力丧失性疾病，被称为角膜盲症。传统治疗依赖角膜移植，但供体极度短缺。人工角膜的出现为这些患者带来了新的希望。

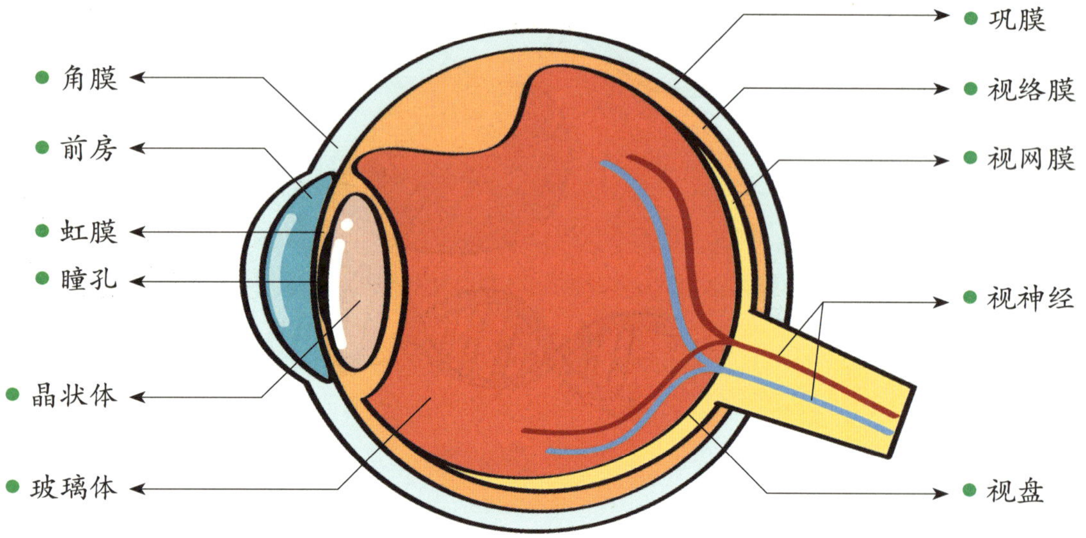

怎么制造人工角膜？

聚甲基丙烯酸甲酯（PMMA）又称亚克力或有机玻璃，具有高透明度、低成本、易于加工等优点。它是日常生活中常见的玻璃替代材料，被广泛应用于医疗器械、建筑装饰和汽车工业等领域，例如人工晶体、建筑天窗、汽车灯罩等。

人工角膜是一种用人造或生物材料制成的替代性医疗器械，通过手术植入患者眼部，替代病变角膜以恢复视力。

目前，人工角膜的研究集中于人工材料角膜、生物活性角膜和 3D 打印角膜。人工材料角膜多采用一种名为聚甲基丙烯酸甲酯（PMMA）的高分子材料，具有高折射率、可过滤紫外线等特点。生物活性角膜主要使用生物组织工程材料，例如我国科学家自行研发的脱细胞角膜基质，材料取自猪角膜。3D 打印角膜目前还没有用于移植，其安全性和临床适用性有待验证。

领扣型人工角膜

波士顿Ⅰ型人工角膜是人工材料角膜的代表性产品，包括镜柱、后板和卡圈三个部分，因组装后像一枚领扣，又被称为领扣型人工角膜。

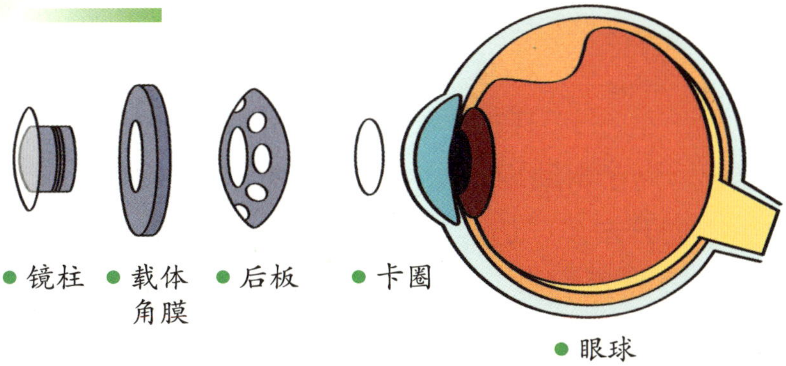

其中，镜柱是核心部件，它的形状像一朵透明的小蘑菇，“蘑菇盖”类似光学镜头，中央曲面处产生屈光度，“蘑菇柄”穿过载体角膜构成光学通路，像螺栓一样将载体角膜、后板及卡圈牢固地装配在一起。这样，光线透过镜柱精准聚焦在黄斑区，患者的眼睛就能看清物体了。

数据显示，我国目前约有 400 万名角膜盲患者，并且患者数量正以每年 10 万例的速度增加，而传统角膜移植的年手术量不足 5000 例。我国自主研发的领扣型人工角膜成功打破了国外技术壁垒，解决了国内角膜盲症患者的临床急需，为无数家庭点燃了希望。

仿生眼
为何能让视障患者探索光明？

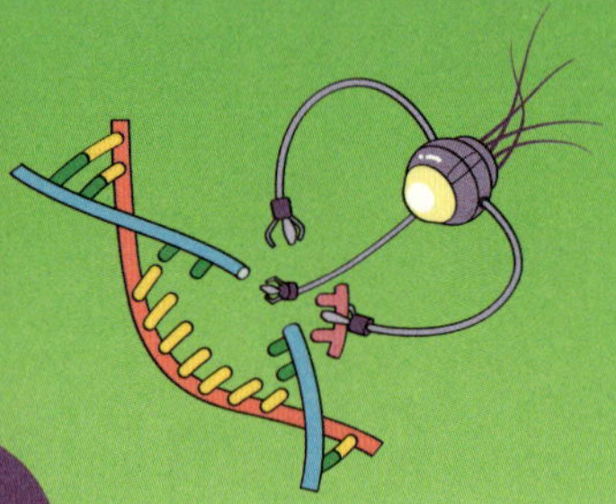

科技前沿

2020 年 5 月，香港科技大学范志勇教授团队成功研发出世界首款 3D 仿生眼，该成果在国际顶级期刊《自然》（*Nature*）发表，引起了广泛关注。

眼睛是心灵的窗户。多年来，科学家们一直致力于仿生眼的研究，以帮助视障患者重建视觉功能。

视觉是如何产生的？

视觉的产生依赖于眼球对光的感知和大脑的解析。当光线进入眼睛，视网膜将光转化为电信号，再借助视觉神经将其传递给大脑，从而使我们看见事物。一旦其中的某个环节出现差错，视力便会受损。为了帮助视障者恢复视觉，科学家们开发了“仿生眼”技术，旨在通过模拟人眼的工作原理，恢复患者的视觉功能。

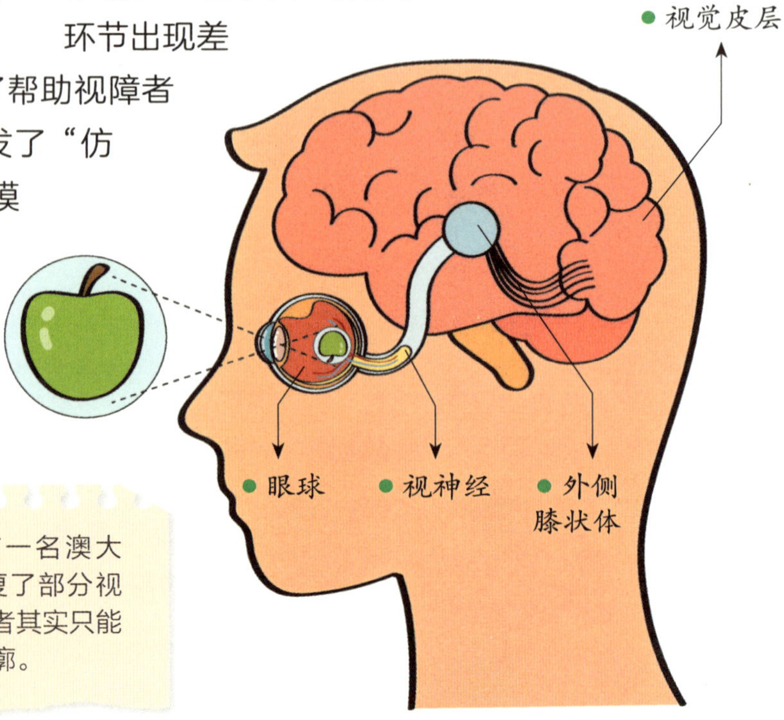

早在 2012 年，就有一名澳大利亚患者利用仿生眼恢复了部分视力。但碍于技术有限，患者其实只能看到光影和物体的大致轮廓。

这款仿生眼
有什么特别?

为了让仿生眼获得更清晰的视觉效果，科学家一直致力于模拟人眼的球形曲面结构。结合新材料和纳米技术，范教授团队制造出半球形人造视网膜。他们将纳米线感光器固定在 3D 打印的半球人工眼窝上，相当于视网膜上的感光细胞，且每平方厘米的数量可达 4.6 亿个，密度是人类视网膜的四十多倍，能实现超高清成像分辨率。此外，团队采用液态金属线模拟视觉神经线，将纳米线感光器与人造半球形视网膜相连，实现视觉讯号的输出，将仿生眼看到的影像投放在计算机屏幕上。

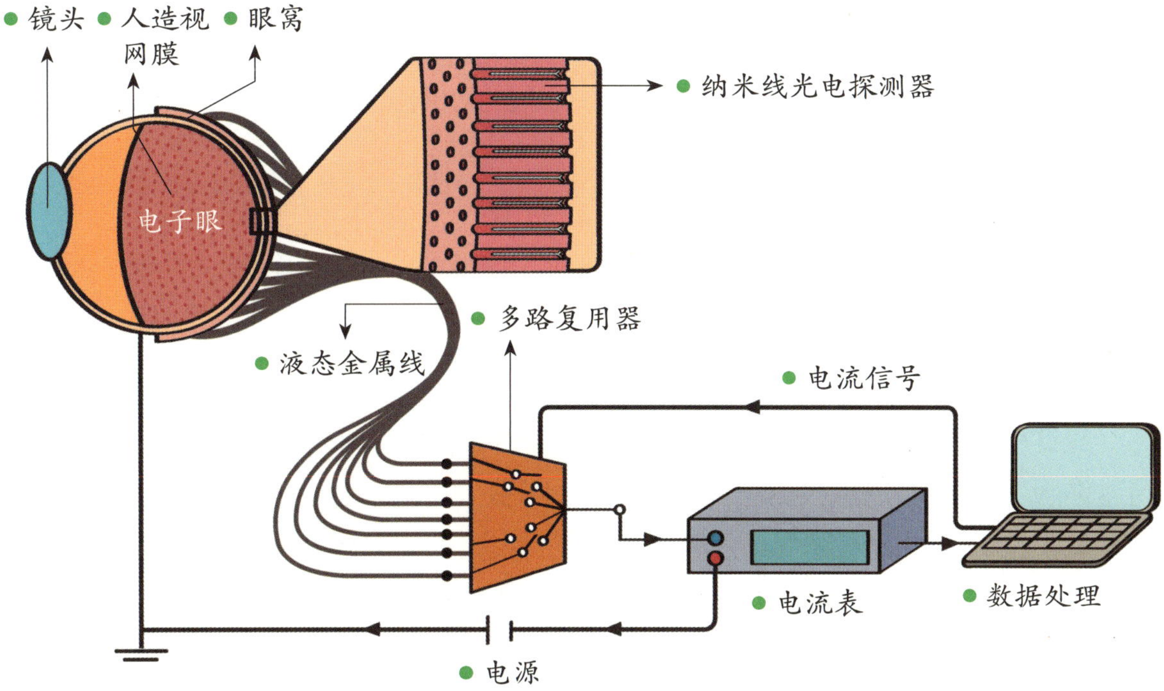

仿生眼的研发不仅为视障者带来了重见光明的希望，还可以用来增强健康人群的自然视觉。植入仿生眼后，使用者甚至可以拥有夜视、红外感知等功能。另外，它广阔的视角、高分辨率以及快速响应速度，更为机器视觉、智慧城市、航空航天等领域带来了新的发展机遇。

生病了？纳米机器人来了！

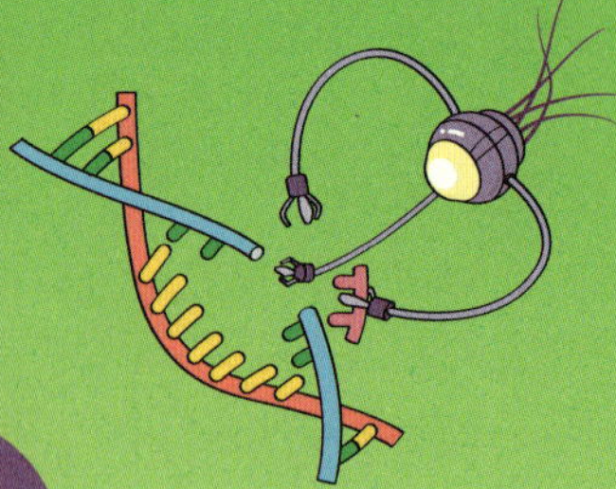

科技前沿

2023 年 12 月，武汉理工大学科研团队成功研制出可注射溶栓纳米机器人，并在《科学》（*Science*）子刊上发表了相关成果。这一新技术将应用在心血管相关疾病的治疗等生物医疗领域，能够极大减轻病人的痛苦并降低手术风险。

在医疗领域，功能各异的机器人正在各自的岗位上发挥着重要作用：帮助残障人士恢复独立生活能力的康复机器人、深入患者体内检查的内窥镜机器人、在手术台上辅助外科医生进行精密手术的手术机器人等。这些机器人尺寸各异，而其中最小的一类——需要借助显微镜才能观察到的机器人，就是纳米机器人。

肉眼看不见的机器人

1 纳米 $=10^{-9}$ 米。如果把直径为 1 纳米的小球放在乒乓球上，就相当于把一个乒乓球放在地球上。

或许你会想，纳米机器人是不是就像人形机器人的迷你版？其实并不是。它是一种极其微小的装置，大小在纳米或微米级别，只有头发丝直径的万分之一左右。科学家们通过微观尺度的组装，像搭积木一样，将各种小零件一点一点组装起来：将 DNA 或生物分子马达（如 ATP 合酶）作为动力部件，使纳米机器人能在血管中灵活移动；以轻质高强的纳米材料制成结构骨架，使其具有极高的承压能力；搭载纳米传感器作为“智能眼”，可以检测并识别特定的目标物质。

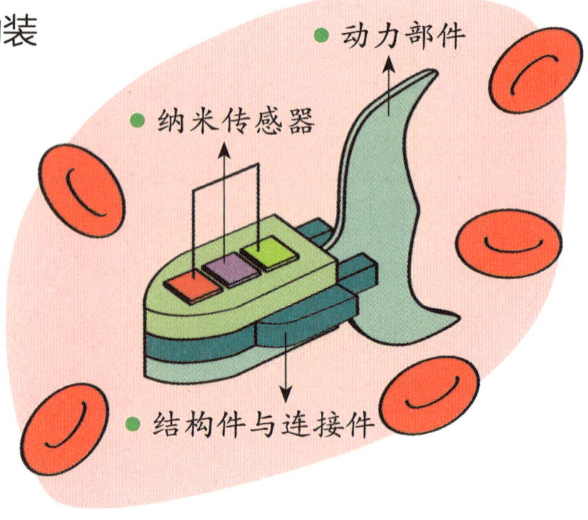

设想中的纳米机器人

送药上门的“快递员”

纳米机器人没有传统的电池和电源组件，它的驱动源有化学反应、超声波、光、电、磁、热，或者它们的组合。

在传统的药物治疗里，药物通常通过血液输送到全身，见效较慢且具有一定的副作用。纳米机器人的出现解决了这个难题，它的内部有一个可装载药物的“药仓”，能在复杂的人体环境中准确识别目标，实施精准的药物释放。除了心血管疾病的治疗，纳米机器人还将在癌症治疗中扮演重要角色。它们能够准确地将药物输送到肿瘤部位，降低对健康细胞的伤害。

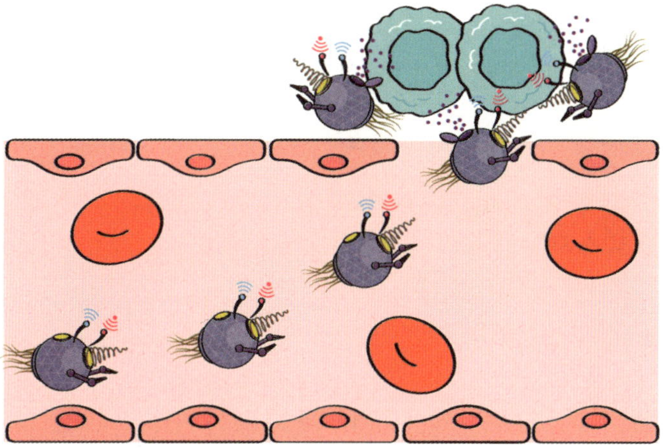

纳米机器人的未来潜力

虽然医用纳米机器人目前仍处于研究和实验阶段，还未进入临床应用，但其潜力不可忽视，有望应用于更复杂的医学场景，如基因疗法、细胞修复等。

相信随着技术的不断发展，纳米机器人不仅能为患者提供定制化的治疗方案，还有望彻底革新医学治疗模式，在更多的领域为人类健康做出贡献。

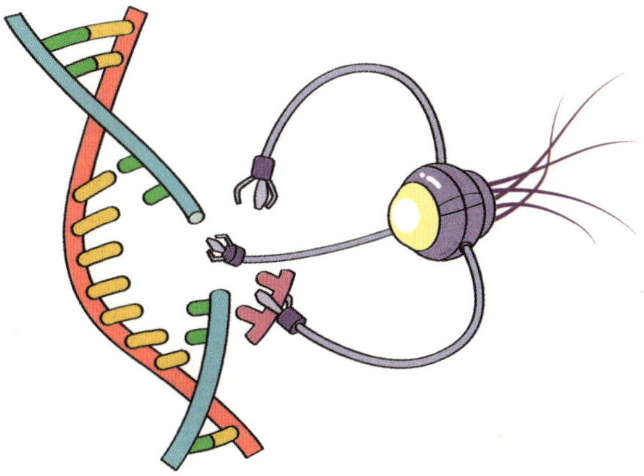

谈“核”色变？核技术也能守护健康

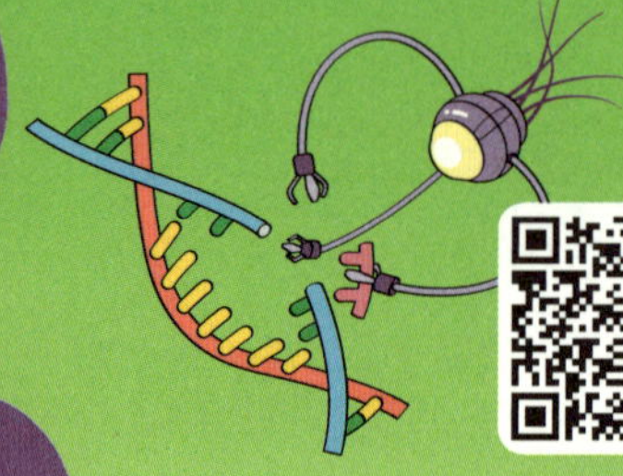

扫一扫，看视频

科技前沿

2025 年 4 月 15 日，上海瑞金医院传来消息：自 2023 年 11 月国产首台质子治疗系统在瑞金医院正式投入使用以来，已为 600 例患者提供治疗，治疗病种近 50 种，全面覆盖了常见放疗适应证。

说到核技术，你是不是首先想到的是令人生畏的“核辐射”“核污染”？然而，在医学领域，核技术正以其独特优势守护着人类的健康。

灵敏安全的核医学诊断

碳-14 是碳元素的一种放射性同位素，能稳定地参与生物代谢。

核技术在医学诊断中发挥着重要作用。例如，诊断是否感染幽门螺杆菌时采用的尿素呼气试验就是核技术的典型应用。幽门螺杆菌能产生高活性的尿素酶，将尿素分解为氨和二氧化碳。被检测者口服碳-14 或碳-13 标记的尿素胶囊后，通过采集其呼出气体并检测是否含有被标记的二氧化碳，就能够精准判断胃部是否存在幽门螺杆菌感染。看到这里，你可能会担心服用放射性同位素是否存在副作用。其实，一次检测所受到的辐射要远低于坐一次飞机从自然环境中受到的辐射量。

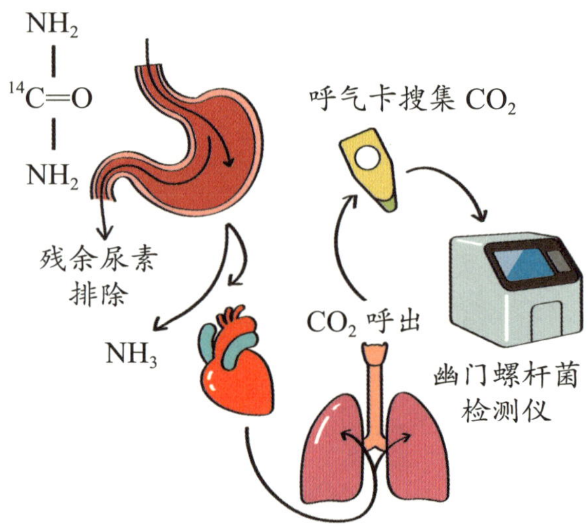

“隔山打牛”的质子治疗技术

传统放射线治疗中所使用的 X 射线和 γ 射线被称为光子线。

质子治疗是一种先进的放射治疗技术。它利用粒子加速器将质子加速到接近光速，通过精确控制质子束的能量和入射角度，可以精准地将其定位在肿瘤部位。与传统的放射治疗不同，质子射线在到达肿瘤病灶前，能量释放得并不多，但是到达病灶后，射线会瞬间释放大量能量，对肿瘤细胞进行精准打击，同时最大限度地保护周围的正常组织，实现针对肿瘤的“定向爆破”。

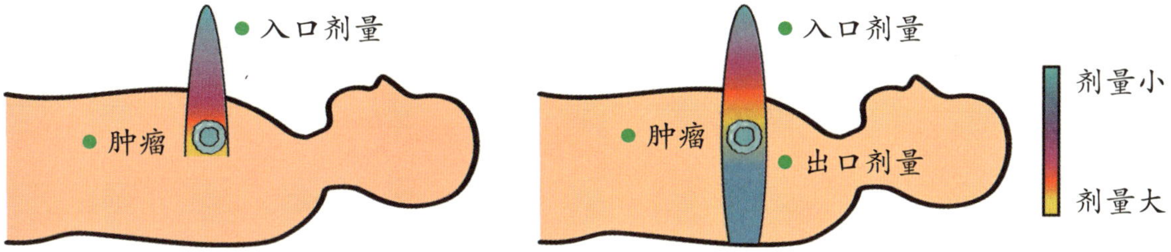

质子治疗　　传统放疗

核技术的多元应用

除了癌症治疗，核技术还广泛应用于其他医疗领域。例如，正电子发射断层扫描利用放射性物质在体内产生正电子，与体内其他电子产生相互作用，能够通过无创的方式获取人体组织或器官的分子水平信息，为心脑血管疾病、神经退行性疾病及恶性肿瘤等重大疾病的早期筛查提供了关键技术支持。

核技术在现代医学中扮演着不可或缺的角色，其发展对于提高疾病诊断的准确性、推动个性化和精准医疗，以及促进全球健康事业都具有重大意义。

微观世界的探索“神器”

扫一扫，看视频

科技前沿

2024 年 11 月，中国科学院王凯研究团队在《自然-方法学》（*Nature Methods*）上发表研究论文，提出新型超分辨显微成像技术，可在清醒动物脑中对神经元的快速动态进行超分辨率光学成像和解析，有助于神经科学研究。

在肉眼无法察觉的微观世界里，无论是构成生物体的细胞，还是蛋白质、DNA 等分子，它们的活动都深刻影响着生命过程。那么，我们是如何看见这些微观世界的呢？答案就是显微成像技术。

显微镜：探索微观世界的窗口

早在 17 世纪，荷兰科学家列文虎克就通过研磨小型凸透镜，制造出可放大数百倍的光学显微镜，并首次观察到细菌等微生物，开启了人类探索微观世界的大门。然而，光学显微镜的能力并非无限。1873 年，德国物理学家恩斯特·阿贝提出衍射极限理论，指出光学显微镜的分辨率极限约为 200 纳米，这意味着我们无法直接观察更精细的尺度，如细胞的内部结构。

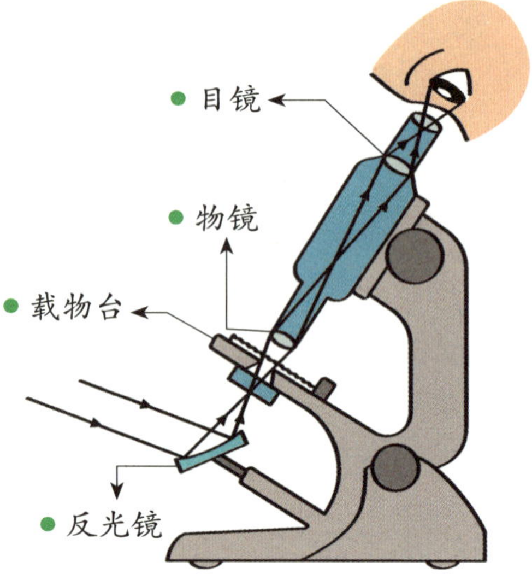

超分辨显微成像技术：
突破光学极限

2014 年诺贝尔化学奖授予美国科学家埃里克·贝齐格、威廉·莫纳和德国科学家斯特凡·黑尔，以表彰他们在超分辨率荧光显微技术领域取得的成就。

那么，科学家是如何突破这个“天花板”的呢？

莫纳首先实现了单个荧光分子的探测，并发现了控制荧光蛋白发光的方法。贝齐格以此为基础，发明出光激活定位显微镜，实现了荧光分子的定位和成像。黑尔则另辟蹊径，他用一种甜甜圈形状的激光将单束激光照射区域的外圈“擦除”，这样剩下的小光斑直径就只有 20 纳米，达到了纳米级成像要求。

显微成像的未来：
探索更深的未知

相比于光学显微镜，电子显微镜的分辨率更高，能观察比病毒更小的对象，但其样本需要特殊处理，无法观察活细胞。因此，在研究生物动态过程时，仍需借助超分辨光学显微成像技术。

超分辨显微成像技术的突破，为生物医学、神经科学、细胞研究等领域提供了强有力的支持。例如，在神经科学领域，研究人员可以通过超分辨显微镜观察神经元突触的精细结构，研究神经元如何相互连接与传递信息；在癌症研究中，科学家可以更精准地分析癌细胞内部的分子变化，为新型抗癌疗法的开发提供依据。

超分辨光学成像技术的持续发展，将继续推动科学探索，让我们更深入地了解生命的奥秘，开启微观世界的新篇章。

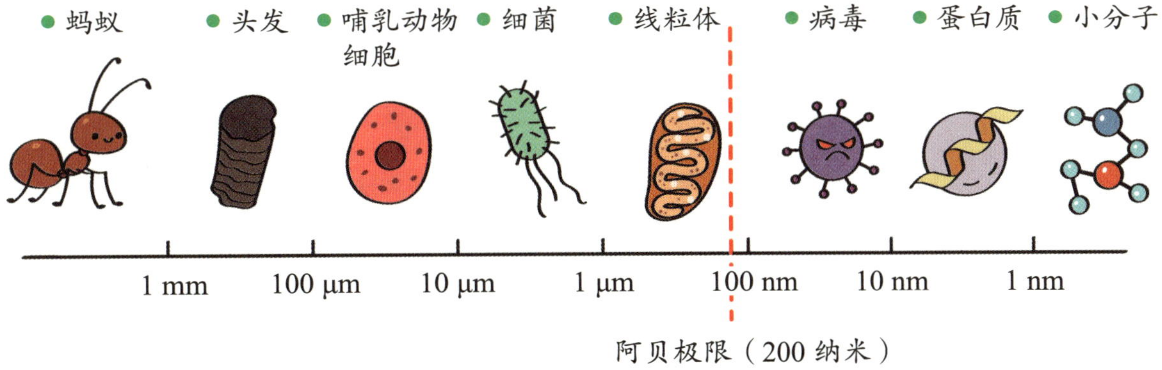

如何让细胞“返老还童”？

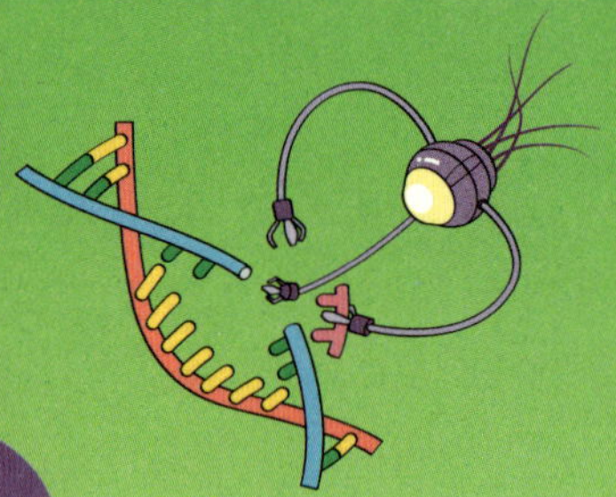

科技前沿

2024 年 11 月，大阪大学研究人员在《柳叶刀》（*The Lancet*）发表研究论文，首次利用人类诱导多能干细胞修复角膜损伤，三名患者视力显著改善。

逆转衰老，返老还童——这些听起来像魔法的词汇，正在科学的助力下逐步成为现实，而其中的关键就在于诱导多能干细胞。

什么是诱导多能干细胞？

比较具有代表性的不可再生细胞有神经细胞（神经元）、心肌细胞、眼晶体细胞、卵巢细胞等。

你可能没听说过诱导多能干细胞，但大概率听说过胚胎干细胞。胚胎干细胞是一类特殊的细胞，具有自我更新和多向分化的能力，堪称生命的“种子”。可以说，我们身上的所有细胞都是由它分化而来。

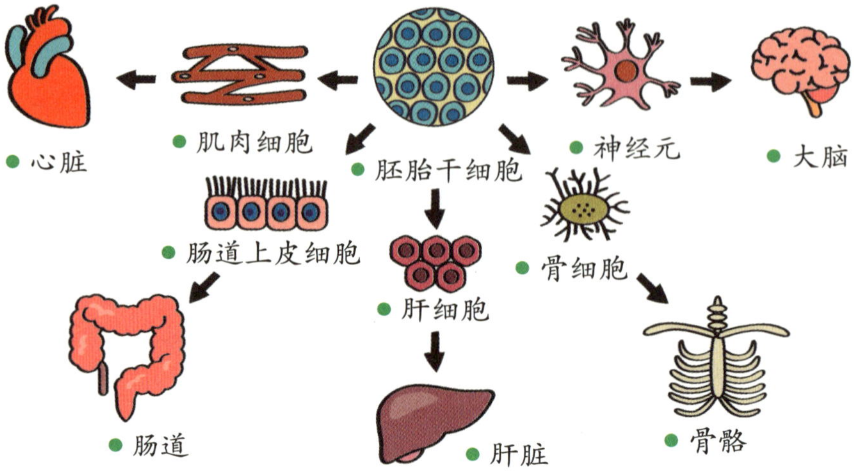

但遗憾的是，人体发育成熟后，胚胎干细胞便完成了使命并消失了。其分化形成的体细胞有些是无法再生的，导致身体的某些部位一旦受损就不可逆转。

有没有办法让这些体细胞回到“童年”，重新拥有胚胎干细胞的能力呢？科学家想到了一种办法，就是用重编程技术，让体细胞“返老还童”，重新变成具备多向分化能力的细胞，即诱导多能干细胞。诱导多能干细胞就像“万能备份”，能定向培养出各种功能细胞，为医学研究和治疗提供新的可能。

如何培养诱导多能干细胞？

将转录因子导入细胞的运输工具被称为载体，常见的有病毒载体和非病毒载体。

要培养诱导多能干细胞，首先要选择合适的细胞材料。科学家们通常会选择好获取、好培养、重编程效率高的细胞，比如皮肤细胞、血液细胞等。

候选细胞定下后，科学家们需要把特定的转录因子导入细胞，让它们启动“返老还童”的重编程过程。这些转录因子就像“重启按钮”，可以将细胞逆转成诱导多能干细胞。但这还没结束，接下来还得对这些细胞进行质量把关，筛选出合适的细胞后，才能继续进行扩增并诱导分化成目标细胞类型，用于研究或治疗目的。这个过程看起来简单，其实背后的每一步都涉及复杂的流程和操作。

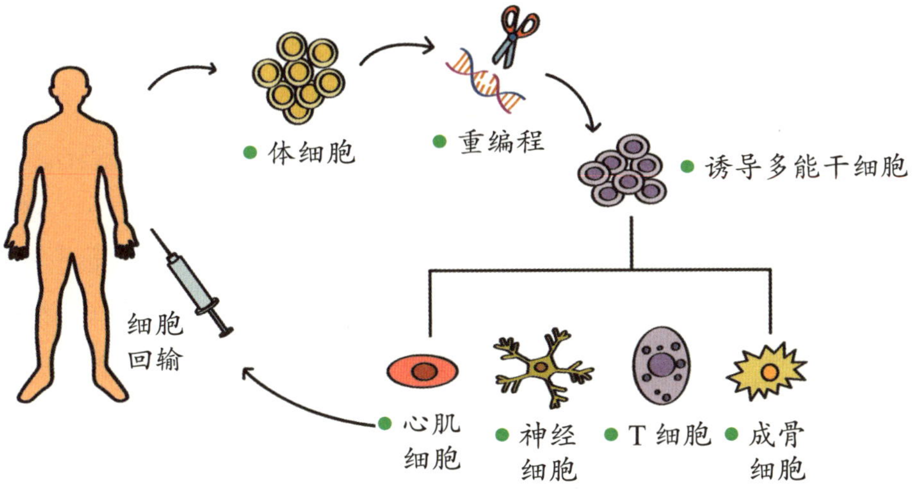

诱导多能干细胞拥有百变能力，已经在治疗糖尿病、帕金森病、阿尔茨海默病等方面取得了进展。虽然它们微小至不可见，却承载着上百种疑难杂症的治愈期许。

“伤口撒玻璃”？生物玻璃的奇迹

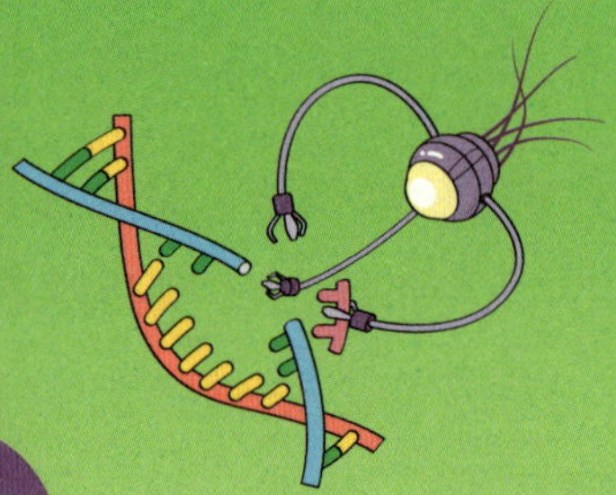

科技前沿

2020 年 8 月，中国科学院上海硅酸盐研究所的科学家团队设计制备了一种能用于肿瘤治疗的多功能新型生物活性玻璃材料，开拓了生物玻璃的使用领域。

提起玻璃，我们想到的可能是窗户、镜子或手机屏幕。但在医学领域，玻璃可以化身“医疗兵”，不仅能修复骨骼，还能促进创口愈合，甚至用于抗癌治疗。快来看看玻璃是如何做到的吧。

“玻璃医疗兵”为什么可以修复骨骼？

羟基磷灰石是骨骼和牙齿的主要无机成分，正是它让我们的骨骼变得坚固。

“玻璃医疗兵”是一种特殊的、具有生物活性的生物玻璃。进入人体后，它不仅不会引起毒性或产生排斥反应，反而能促进骨细胞的增殖和分化。

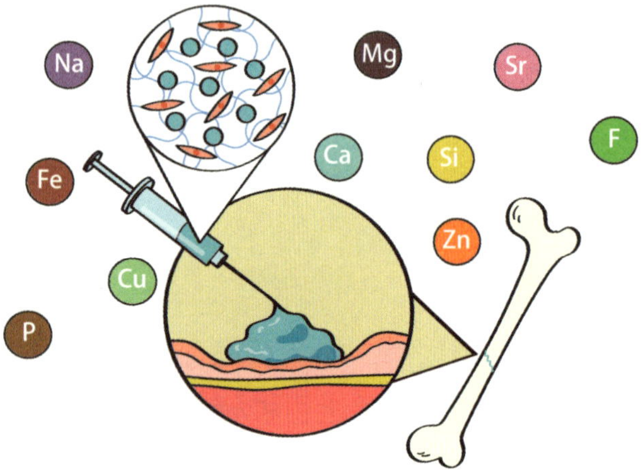

在电子显微镜下，骨组织就像一座微型建筑：胶原纤维构成钢筋骨架；钙、磷等元素形成羟基磷灰石等无机物，像混凝土一样填充在胶原纤维的孔隙中。它们有序地排列、结合，构成了坚固的骨组织。生物玻璃的成分与骨组织高度相似，在与骨组织接触时，能释放出硅、磷、钙等离子，通过化学作用与骨组织结合，并诱导周围成骨细胞的增殖与分化。此外，生物玻璃还能形成与骨骼结构相似的羟基磷灰石结晶，在新旧骨骼之间搭建起“桥梁”，加速骨骼修复。

玻璃为什么可以成为肿瘤终结者？

稀土元素钕因其独特的光学特性，被广泛用于制造激光器、光学仪器和医疗材料。

光热治疗是一种新兴的肿瘤治疗手段，通过近红外光照射肿瘤部位，使癌细胞因高温而死亡。然而，传统光热治疗存在温度难以精准控制的问题：温度过低无法有效杀死癌细胞，过高则会损伤健康组织。研究人员在生物玻璃中引入稀土元素钕，赋予其优异的光热转换能力。将这种生物玻璃制成水凝胶后注射至肿瘤部位，不仅能实现精准加热，还能实时监测局部温度，防止过热损伤。此外，治疗后生物玻璃释放的硅、钙等离子还能促进受损组织修复与再生。

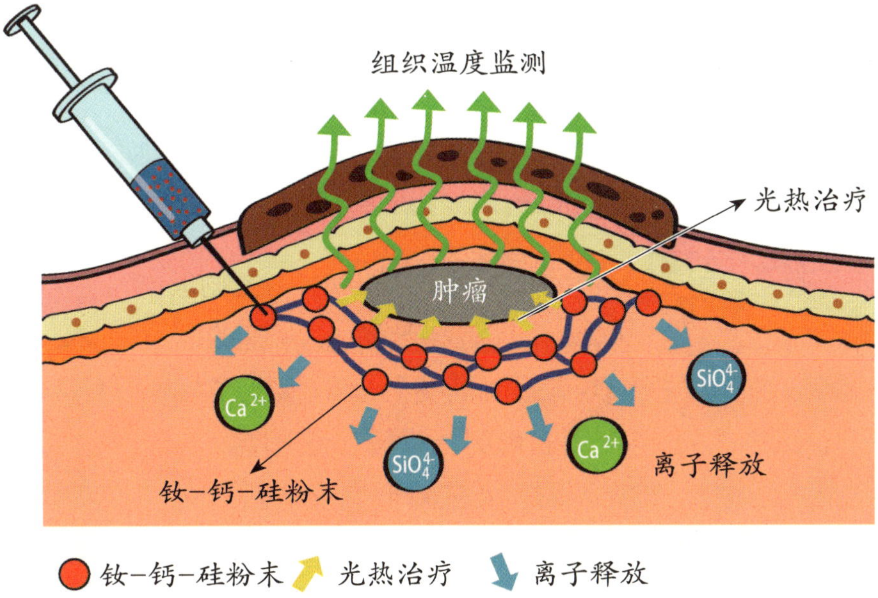

过去，复杂骨折修复依赖骨移植，癌症治疗则依靠手术、放疗和化疗，这些传统方法治疗周期漫长且伴随痛苦。生物玻璃的出现，在骨折修复中加速新骨生成、缩短愈合周期，在肿瘤治疗中实现精准热疗、降低副作用，为医学领域带来了新的可能。

“减肥针”上市，躺着也能瘦？

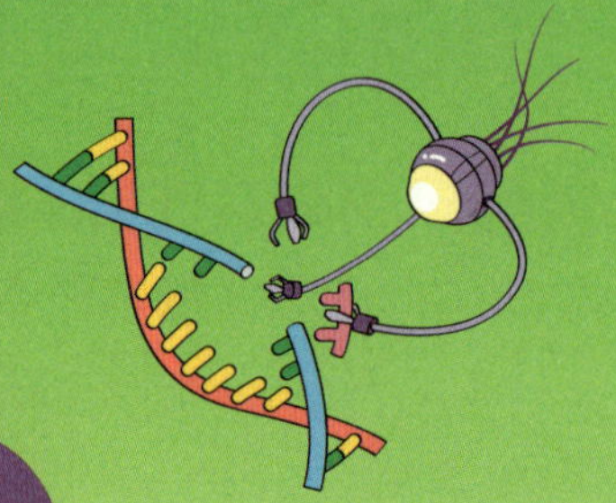

科技前沿

2024 年 11 月 17 日，一款新型减重药物在国内正式上市。该药物是全球首个用于长期体重管理的胰高糖素样肽-1 受体激动剂（GLP-1RA）周制剂，能够实现平均约 17% 的体重降幅。

随着人们生活水平的提升，肥胖问题日益严峻。根据世界肥胖联盟 2023 年发布的《世界肥胖地图》报告，全球范围内 5 岁以上的人群中，超重和肥胖率预计从 2020 年的 38%上升到 2035 年的 50%以上。司美格鲁肽是目前临床应用中最有效的单受体激动剂，作为一种原本用于治疗 2 型糖尿病的新型降糖药，为什么现在被用于减肥呢？

肠道的“智能信使”

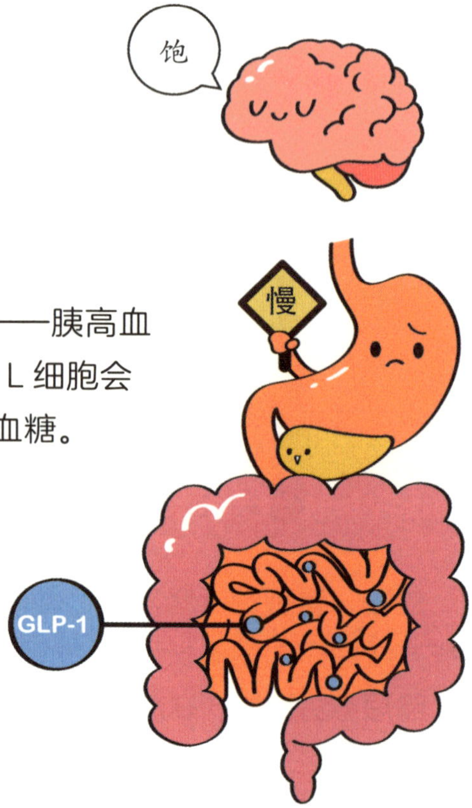

人体的肠道中潜藏着一类“智能信使”——胰高血糖素样肽-1（GLP-1）。当我们进食时，小肠 L 细胞会分泌这种激素，通过刺激胰岛素分泌来降低血糖。GLP-1 的分泌量随进食而增加，与血糖水平形成动态调节。除此以外，GLP-1 还能通过延缓胃排空，增强饱腹感来抑制食欲。但是，天然 GLP-1 在体内的代谢速度很快，即便是直接注射 GLP-1，也会在几分钟内被代谢完。

为了延长其作用时间，科学家们对 GLP-1 进行了结构改造，研发出 GLP-1 受体激动剂（GLP-1RA）。这类药物不仅能起到与天然 GLP-1 相同的效果，还具有更长的作用时间。这种长效特性使其从糖尿病治疗领域成功跨界，成为全球首个获批用于长期体重管理的 GLP-1 类药物。其原理是通过持续激活 GLP-1 受体，模拟餐后激素分泌状态，让身体误以为始终处于饱腹中，从而减少热量摄入。

胰岛素是血糖的“管家”，负责将葡萄糖送入细胞供能或储存，帮助维持血糖平衡。如果胰岛素分泌不足或作用受阻，就可能导致糖尿病。

“减肥针”适合你吗?

“减肥针”一上市就吸引了不少人前往医院咨询，人们认为它能让人不节食、不运动就实现“躺瘦”。然而，事实并非如此，该药并不是适用于所有人的“减肥神药”。作为处方药，它只能用于帮助初始体重指数（BMI）大于 30 的肥胖患者，或是 BMI 在 27 ~ 30 之间并伴有高血糖、高血脂、高血压等至少一种肥胖相关并发症的成人患者，用于长期体重管理。此外，药物减重存在副作用，它可能会引起恶心、呕吐、胃肠不适等反应。一旦停药，如果没有合理的饮食和运动干预，体重极易反弹。

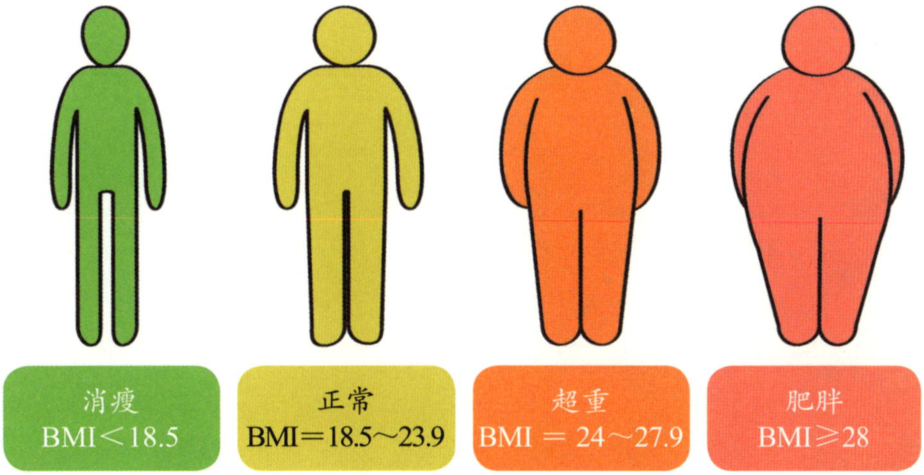

真正健康的减重方式，仍然离不开科学的饮食结构、规律的运动习惯以及良好的生活方式，这才是维持健康生活的关键。

BMI= 体重（kg）÷ 身高（m）^{2}。